LIBRO SALUTEM

© 2019 Volker Heinrich Seibert
1. deutsche Auflage

Kontakt zum Autor: info@libro-salutem.de
www.libro-salutem.de

Illustrationen: Heinrich Seibert

Lektorat/Korrektorat: Marion Kümmel, Rostock

Herstellung/Verlag: BoD – Books on Demand, Norderstedt
ISBN: 978-3-743165380

Alle Rechte der verwendeten Bilder, Schaubilder und Grafiken liegen, soweit nicht anders ausgewiesen, beim Autor bzw. dem Illustrator. Die Benutzung dieses Buches und die Umsetzung der darin enthaltenen Informationen erfolgt ausdrücklich auf eigenes Risiko. Haftungs-, Rechts- und Schadensersatzansprüche gegen den Verlag und den Autor für Schäden materieller oder ideeller Art, die durch die Nutzung oder Nichtnutzung der Informationen bzw. durch die Nutzung fehlerhafter und/oder unvollständiger Informationen verursacht wurden, sind grundsätzlich ausgeschlossen. Das Werk inklusive aller Inhalte wurde mit größter Sorgfalt erarbeitet. Der Verlag und der Autor übernehmen jedoch keine Gewähr für die Aktualität, Korrektheit, Vollständigkeit und Qualität der bereitgestellten Informationen. Druckfehler und Falschinformationen können nicht vollständig ausgeschlossen werden. Es kann keine juristische Verantwortung sowie Haftung in irgendeiner Form für fehlerhafte Angaben und daraus entstandenen Folgen vom Verlag bzw. dem Autor übernommen werden.

Die Wiedergabe von Gebrauchsnamen, Warenbezeichnungen usw. in diesem Werk berechtigt auch ohne besondere Kennzeichnung nicht zu der Annahme, dass solche Namen im Sinne der Warenzeichen- und Markenschutzgesetzgebung als frei zu betrachten wären und daher von jedermann benutzt werden dürfen.

Aus Gründen der leichteren Lesbarkeit wird bei Substantiven und Pronomen, die sich auf Personen beziehen, die männliche Form verwendet. Es sind jedoch stets alle Personen mitgemeint.

Unterstützen Sie uns!

https://paypal.me/pools/campaign/108658673974407490

Das Ziel des Autors ist es, diese privat finanzierte Lehrbuchreihe kontinuierlich für alle GWO-Module fortzuführen und weiterzuentwickeln. Um diesem Ziel gerecht zu werden, ist es u. a. notwendig, die einzelnen Bände übersetzen zu lassen und für spezielle Themen Co-Autoren und Lektorate zu finanzieren. Durch Ihre Spende machen Sie diesen Weg möglich.

Dieses Buch ist vom strukturellen Aufbau an den GWO Enhanced First Aid Standard in der Version 1.0 angelehnt und soll das eigentliche Training bei einem zertifizierten Trainingsprovider begleiten, ergänzen sowie als Nachschlagewerk für die Teilnehmer dienen. Es werden ausschließlich die theoretischen Lektionen behandelt. Die vom Standard in der Lektion 7 geforderten Szenarien für das praktische Training sind abhängig von den Einrichtungen und den technischen Möglichkeiten des jeweiligen Trainingsanbieters.

Es stellt weder eine Ergänzung oder eine Erweiterung der GWO-Standards dar noch ist es von der Global Wind Organisation (GWO) als Seminarunterlage autorisiert. Weiterführende Informationen zur GWO finden Sie unter www.globalwindsafety.org.

Die Deutsche Nationalbibliothek verzeichnet diese Publikation in der Deutschen Nationalbibliografie; detaillierte bibliografische Daten sind im Internet über http://dnb.dnb.de abrufbar.

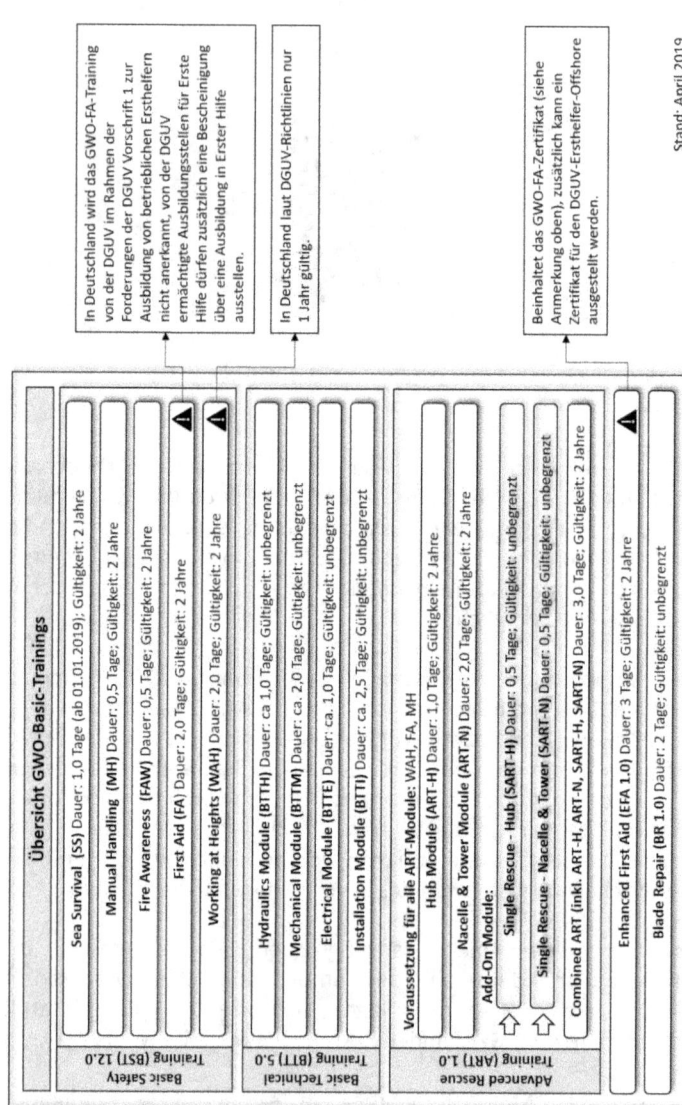

Übersicht GWO-Refresher-Trainings

Basic Safety Training Refresher (BSTR) 9.0

- Sea Survival Refresher (SSR) Dauer: 1,0 Tage; Gültigkeit: 2 Jahre
- Manual Handling Refresher (MHR) Dauer: 0,5 Tage; Gültigkeit: 2 Jahre
- Fire Awareness Refresher (FAWR) Dauer: 0,5 Tage; Gültigkeit: 2 Jahre
- First Aid Refresher (FAR) Dauer: 1,0 Tage; Gültigkeit: 2 Jahre ▶ In Deutschland wird das GWO-FA-Training von der DGUV im Rahmen der Forderungen der DGUV Vorschrift 1 zur Ausbildung von betrieblichen Ersthelfern nicht anerkannt, von der DGUV ermächtigte Ausbildungsstellen für Erste Hilfe dürfen zusätzlich eine Bescheinigung über eine Fortbildung in Erster Hilfe ausstellen.
- Working at Heights Refresher (WAHR) Dauer: 1,0 Tage; Gültigkeit: 2 Jahre ▶ In Deutschland laut DGUV-Richtlinien nur 1 Jahr gültig.

Advanced Rescue Training Refresher (ARTR) 1.0

- Hub Module Refresher (ART-HR) Dauer: 1,0 Tage; Gültigkeit: 2 Jahre
- Nacelle & Tower Module Refresher (ART-NR) Dauer: 2,0 Tage; Gültigkeit: 2 Jahre
- Combined ARTR Refresher (inkl. WAHR) Dauer: 2,0 Tage; Gültigkeit: 2 Jahre

- Enhanced First Aid Refresher (EFAR 1.0) Dauer: 2,0 Tage; Gültigkeit: 2 Jahre ▶ Beinhaltet das GWO-FAR-Zertifikat (siehe Anmerkung oben), zusätzlich kann ein Zertifikat für den DGUV-Ersthelfer-Offshore Refresher ausgestellt werden.

Für alle Refresher-Trainings gilt: Voraussetzung für den Besuch des Refresher-Trainings ist immer ein gültiges Vorgängerzertifikat des jeweiligen Moduls. Ausnahme ist das Enhanced First Aid Refresher Training, welches auch mit einem gültigen First Aid Zertifikat besucht werden kann. Zertifikate, die Ihren Gültigkeitszeitraum überschritten haben oder von einer nicht zertifizierten Ausbildungsstätte ausgegeben wurden, werden nicht als Vorgängerzertifikat anerkannt.

Stand: April 2019

Inhaltsverzeichnis

1 Einführung

1.1 Sicherheitsbelehrung und Notfallprozeduren................ 10

1.2 Örtliche Einrichtungen................ 10

1.3 Einführung in das Training................ 10

1.4 Umfang und Ziele des Enhanced First Aid Trainings................ 12

1.5 Fortlaufende Bewertung der Teilnehmerleistung................ 12

1.6 Motivation zum Training................ 13

2 Risiken, Gefahren und Gesetzgebung

2.1 Risiken und Gefahren................ 15

2.2 Erste-Hilfe-Richtlinen................ 17

2.3 Nationale Gesetzgebung................ 19

2.4 Internationale Gesetzgebung................ 29

3 Anatomie

3.1 Lebensbedingungen für den menschlichen Körper................ 32

3.2 Organsysteme des menschlichen Körpers................ 47

3.3 Symptome/Wirkung von leichten u. schweren Verletzungen.. 60

3.4 Persönliche Hygiene für Ersthelfer................ 68

4 Notfallorganisation, Notfallmaßnahmen, Telekonsultation

4.1 Eigenschutz und Eigensicherung der Ersthelfer 69

4.2 Notfallorganisation 72

4.3 Rettungsteams, Notrufe und medizinische Telekonsultation . 86

5 Primäre u. sekundäre Untersuchungen/(C-)ABCDE-Schema

5.1 Das (C-)ABCDE-Schema 94

5.2 Primäre Untersuchung (Primary Survey) 95

5.3 „C" – Critical Bleeding (lebensgefährliche Blutungen)......... 96

5.4 „A" – Airway (Atemweg) 104

5.5 „B" – Breathing (Atmung/Herz-Lungen-Wiederbelebung).... 111

5.6 „C" – Circulation (Blutkreislauf)................................... 140

5.7 Sekundäre Untersuchung (Secondary Survey) 161

5.8 „D" – Disability (Wachheit/Orientierung) 165

5.9 „E" –Exposition (Wärmeerhalt und äußere Einflüsse) 190

5.10 Psychologische Erste Hilfe... 202

6 Schmerzbehandlung und Medikamentengabe

6.1 Anwendungsalgorithmus der Schmerzbehandlung............. 204

6.2 Weitere mögliche Medikamente 207

7 Abkürzungsverzeichnis

1 Einführung

1.1 Sicherheitsbelehrung und Notfallprozeduren

Das Training wird in der Gruppe unter Anleitung qualifizierter Trainer durchgeführt, deren Anweisungen und Hinweisen unbedingt Folge zu leisten ist.

Das Enhanced First Aid Training stellt hohe Anforderungen an die Sicherheit während des Trainings. Es setzt aber auch unabdingbar ein gewisses Risikobewusstsein und einen entsprechenden Gesundheitszustand der Teilnehmer voraus. Das Gefährdungspotenzial und die Anforderungen an den Gesundheitszustand der Teilnehmer während des Trainings entsprechen in etwa der Realität in Notfallsituationen an abgelegenen Arbeitsorten.

Die Sicherheitsbelehrung wird immer auf den gültigen internen Notfallprozeduren des jeweiligen Trainingsanbieters basieren. Für alle Orte, an denen sich die Teilnehmer während des Trainings oder der Pausen befinden, müssen u. a. Notausgänge, Verhalten im Notfall, Verantwortlichkeiten im Falle eines Notfalls, Sammelplätze, Alarmsignale sowie Standorte der Notfallausrüstung und Telefone besprochen werden.

1.2 Örtliche Einrichtungen

Um den Teilnehmern den Aufenthalt in den Einrichtungen des Trainingsanbieters möglichst komfortabel zu gestalten, wird ihnen ein Überblick über die wichtigsten Örtlichkeiten und Wege im Gebäude und zu den Trainingsanlagen gegeben. Dazu zählen in der Regel die Büros der organisatorischen und administrativen Ansprechpartner für das Training, Umkleideräume, Toiletten, Cafeteria bzw. Restaurant, Aufenthaltsräume etc.

1.3 Einführung in das Training

Ein Training lebt auch von der guten Atmosphäre zwischen den Teilnehmern und den Trainern. Deshalb werden sich die Trainer zu Beginn des Trainings vorstellen und kurz über ihren eigenen beruflichen Hintergrund berichten. Damit im Training auf arbeitsplatzbezogene Besonderheiten eingegangen werden kann, sollten sich auch die Teilnehmer mit ihrer Funktion im Unternehmen und ihrem hauptsächlichen geografischen Einsatzort vorstellen.

Nach der Vorstellungsrunde geben die Trainer den weiteren geplanten Ablauf des Trainings sowie Pausen- und Essenszeiten bekannt.

Den Abschluss des Trainings bildet die Auswertung der Beurteilung durch die Trainer, die während des Trainings fortlaufend erfolgt ist. Der Trainingsanbieter muss den erfolgreichen Abschluss des Trainings in der GWO-Datenbank „WINDA" innerhalb von 10 Arbeitstagen mit dem Upload eines entsprechenden Datensatzes dokumentieren. Um das Training dem Teilnehmer zuordnen zu können, benötigt dieser eine sogenannte WINDA-ID, eine Identifikationsnummer, unter der alle von ihm absolvierten GWO-Trainings gespeichert werden. Nur der Eintrag in der Datenbank ist als Nachweis des absolvierten Trainings gültig. Außerdem kann sich der Teilnehmer mithilfe seiner WINDA-ID die einzelnen Bescheinigungen seiner Trainings herunterladen und ausdrucken. Weiterführende Informationen zur WINDA-Datenbank sind im Internet auf der Webseite der GWO (www.globalwindsafety.org) zu finden. Zusätzlich wird das Training in der Regel im Sicherheitspass (Personal Safety Logbook) des Teilnehmers dokumentiert. Das GWO Enhanced First Aid Training muss alle zwei Jahre wiederholt werden. Ein Überblick über die Voraussetzungen und die Abfolge der einzelnen Trainings ist in der nachfolgenden Grafik zu finden.

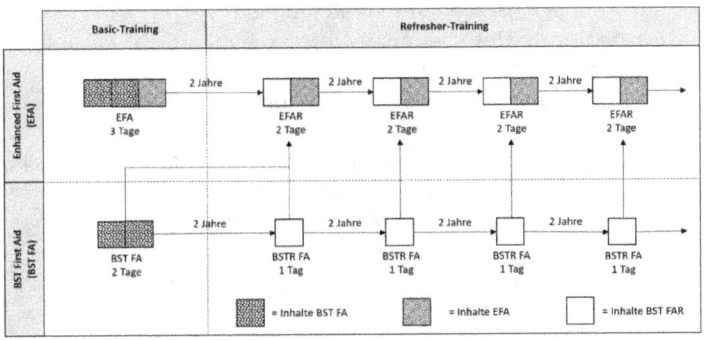

Abbildung 1: Übersicht EFA Modul

1.4 Umfang und Ziele des Enhanced First Aid Trainings
Die meisten Windenergieanlagen befinden sich in eher abgelegenen und wenig besiedelten Gebieten des Festlands oder in teils großen Entfernungen zum Festland auf dem Meer. Allen gemeinsam sind die schwierigen Zugangsbedingungen. Je nach Lage des Windparks kann es im Notfall bis zum Eintreffen der Rettungskräfte 90 Minuten und länger dauern; bei schwierigen Wetterbedingungen kann sich dieser Zeitraum noch drastisch verlängern. Diese Zeitspanne gilt es durch sinnvolle und möglichst effektive Erste-Hilfe-Maßnahmen zu überbrücken. Der Unternehmer ist dafür verantwortlich, dass jederzeit eine Notfallrettung und eine angemessene medizinische Versorgung gewährleistet sind.

Notfallsituationen verlangen allen Beteiligten extreme körperliche und psychische Anstrengungen ab. Ziel des Trainings ist es, den Teilnehmern erweiterte Erste-Hilfe-Maßnahmen zu vermitteln, die sie in einer solchen Situation handlungsfähig werden lassen. Gerade das Gefühl, professionelle Erste Hilfe geleistet zu haben, ist eine wichtige Grundlage für die spätere mentale Verarbeitung des Ereignisses. Die Teilnehmer zählen auch nach dem Training weiterhin zur Kategorie der Laienhelfer.

Während des Trainings werden Kenntnisse zu folgenden Themen vermittelt:

- Risiken, Gefahren, Erste-Hilfe-Richtlinien
- Nationale und internationale Gesetzgebung
- Grundlagen der Anatomie
- Notfallorganisation, Notfallmaßnahmen, medizinische Telekonsultation
- Lebensrettung und erweiterte Erste-Hilfe-Maßnahmen im Rahmen der primären und sekundären Untersuchung
- Schmerzbehandlung und Medikamentengabe

Während des szenariobasierten Trainings wird das erworbene theoretische Wissen angewandt.

1.5 Fortlaufende Bewertung der Teilnehmerleistung
Die Trainer bewerten während des Trainings die Teilnehmer durch Beobachtung sowie ggf. durch mündliche Zusatzfragen und dokumentieren die erbrachte Leistung. Die Bewertung erfolgt anhand

praxisnaher Szenarien. Jeder Teilnehmer muss nachweisen, dass er in der Lage ist, in den folgenden Situationen korrekt zu handeln:

- Bewusstlosigkeit
- Herz-Lungen-Wiederbelebung
- Szenarion aus Lektion 7 des GWO Enhanced First Aid Standards

Die formale Bewertung der Teilnehmer erfolgt unter anderem in Übereinstimmung mit den im Formular zur Teilnehmerbewertung (Anlage 1 des GWO Enhanced First Aid Standards) aufgeführten Punkten:

- Korrekte Organisation von Gruppen und Einzelpersonen
- Beachtung der Sicherheit
- Wahl der richtigen Ausrüstung
- Beherrschung der Trainingsszenarien
- Durchgehende Teilnahme an den Übungen
- Befolgen der Anweisungen der Trainer
- Korrektes Anwenden des erworbenen Wissens
- Verständnis des erworbenen Wissens
- Korrekte Durchführung von Erste-Hilfe-Maßnahmen

Ziel der Trainer wird es stets sein, möglichst alle Teilnehmer sicher und gefahrlos durch das Training zu bringen. Dabei wird die individuelle Leistungsfähigkeit immer mit berücksichtigt werden. Letztlich soll auch der Teilnehmer das Wissen um seine persönlichen Leistungsgrenzen aus dem Training mitnehmen und lernen, diese zu akzeptieren.

Wird das Training nicht bestanden, muss es vollständig wiederholt werden. Die Trainer werden dann die konkrete Vorgehensweise mit dem Teilnehmer persönlich besprechen.

1.6 Motivation zum Training

Unter Erster Hilfe versteht man lebensrettende und gesundheitserhaltende Sofortmaßnahmen, die von jedermann erlernt und bei medizinischen Notfällen angewendet werden können. Auch in der Rettungskette an abgelegenen Arbeitsplätzen übernehmen Ersthelfer die Alarmierung, die Absicherung der Unfallstelle und die Betreuung von Verletzten, bis professionelle Hilfe eintrifft.

Jeder Mitarbeiter, der einem abgelegenen Arbeitsplatz tätig ist, sollte sich seines exponierten Arbeitsplatzes und der dort möglichen spezifischen Gefahren bewusst sein. Die Sicherheit des Einzelnen hängt zu einem großen Teil von der standardisierten Ausbildung aller beteiligten Mitarbeiter ab. Nur ein nach den gleichen Standards ausgebildeter Kollege kann im Notfall auch wirksame Erste Hilfe leisten. Diesen Anspruch sollte jeder Teilnehmer an sich selbst und an seine Kollegen stellen. Mangelnde Hilfsbereitschaft oder unprofessionelle Erste Hilfe können fatale Folgen haben, da der Gesamterfolg auf der Arbeit der Ersthelfer basiert – eine Kette ist so stabil wie ihr schwächstes Glied. Den immer wieder erwähnten Hemmschwellen für Ersthelfer kann nur mit regelmäßigen und szenariobasierten Trainings entgegengewirkt werden.

2 Risiken, Gefahren und Gesetzgebung

Der Gesetzgeber fordert vom Unternehmer, dass am Arbeitsplatz seiner Arbeitnehmer jederzeit unverzügliche (DGUV Vorschrift 1 § 24 Abs. 2) und wirksame (SGB VII § 14 Abs. 1) Erste Hilfe geleistet werden kann. Gerade dem Wort „wirksam" werden die vorgesehenen Maßnahmen oft nicht gerecht. Um diese gesetzlichen Vorgaben zu erfüllen müssen die am Arbeitsplatz vorhanden Risiken und Gefahren bekannt sein. Erst dann kann der Unternehmer über das benötigte Erste-Hilfe-Material und über die notwendige Ausbildung seiner Mitarbeiter entscheiden.

2.1 Risiken und Gefahren

Der Arbeitsplatz in der Windindustrie besitzt (wie jeder andere Arbeitsplatz auch) seine spezifischen Gefahren. Die DGUV-Information 203-007 „Windenergieanlagen" enthält u. a. im Abschnitt 8 einen Gefährdungskatalog, in dem mögliche Gefährdungen bei Arbeiten an einer Windkraftanlage (onshore/offshore) aufgeführt und erläutert sind. Die dort genannten Hauptgefährdungen sind:

- Gefährdung durch organisatorische Mängel
- Gefährdung durch Arbeitsplatzgestaltung
- Gefährdung durch Nichtbeachten ergonomischer Erkenntnisse
- Mechanische und elektrische Gefährdung
- Gefährdung durch Stoffe
- Gefährdung durch Brände/Explosionen
- Gefährdung durch physikalische Einwirkungen

Je nach Arbeitsplatz muss man sicher die Schwerpunkte unterschiedlich setzen. Eine weitere wichtige Informationsquelle ist die, vom Unternehmer erstellte, Gefährdungsbeurteilung, in der die arbeitsplatzspezifischen Gefahren konkret aufgeführt sind.

Das wichtigste Ziel ist immer das unfallfreie Arbeiten, also die Prävention. Dafür geben die genannte Publikation und die Gefährdungsbeurteilung erste Anhaltspunkte für die zu ergreifenden Maßnahmen. Im Rahmen der Ersten Hilfe an abgelegenen Arbeitsplätzen sind zusätzliche Gefährdungen zu berücksichtigen, da Erste Hilfe immer erst nach dem Eintritt eines Unfallereignisses geleistet wird und somit die ergriffenen präventiven Maßnahmen nicht gewirkt haben. Die größte Gefahr liegt in der Tatsache, dass sich viele Arbeitsplätze in der Windindustrie weit abgelegen von (Rettungs-)Infrastrukturen befinden. Dadurch verlängert sich die Zeit bis zum Eintreffen professioneller Rettungskräfte teilweise erheblich. Das kann so weit gehen, dass die Rettungskräfte den Einsatzort z. B. wegen Schlechtwetterlagen oder anderen Gegebenheiten gar nicht erreichen können. Gerade bei dem Wort „Schlechtwetterlagen" werden die meisten Leser an Offshore-Arbeitsplätze denken. Deshalb hier der Hinweis, dass auch ein umgestürzter Baum auf dem Zufahrtsweg oder schlicht eine unvollständige bzw. falsche Wegbeschreibung zu einer abgelegenen Windkraftanlage in einer Katastrophe enden kann. Außerdem muss man sicher davon ausgehen, dass die an der Anlage beschäftigten Mitarbeiter ortsfremd sind und somit bei der Anfahrt nur wenig unterstützen können.

Die folgende Grafik zeigt, wer wann und wo im Falle eines medizinischen Notfalls handelt und wo die Ausbildung gemäß GWO Enhanced First Aid Standards eingeordnet wird:

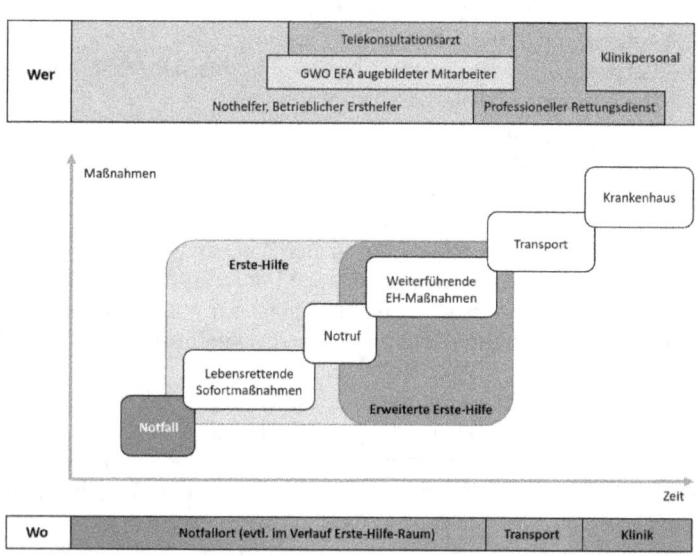

Abbildung 2: Einordnung der erweiterten Ersten-Hilfe in die Rettungskette

Neben der Kenntnis der beschriebenen Risiken und Gefahren, bei deren Minimierung es vorrangig um den Personenschutz geht, ist ein strukturiertes Notfallmanagement unabdingbar. Das Notfallmanagement setzt sich aus Ereignisvorsorge (Prävention) und Ereignisbewältigung (z. B. Notfallmaßnahmen wie Erste Hilfe) zusammen. Auf dieser Basis wissen alle Beteiligten, wie sie im Notfall zu handeln haben, damit die Folgeschäden möglichst gering gehalten werden. Es entsteht keine Panik, da jeder weiß, was zu tun ist. Die Führungskräfte reagieren besonnen und können klar entscheiden.

Das Notfallmanagement sollte in ein Gesamtkonzept, das sogenannte Betriebssicherheitsmanagement, eingebettet sein. Das Betriebssicherheitsmanagementsystem ersetzt keines der bekannten Managementsysteme. Durch eine wirkungsvolle Vernetzung der Managementsysteme lassen sich aber die Risiken von Verstößen gegen die gesetzlichen Vorschriften und die dadurch ausgelösten Haftungsrisiken systematisch erfassen und vermeiden. Das Betriebssicherheitsmanagement stellt eine Systematisierung und Bündelung der gesamten unternehmerischen Risiken in einem System dar. Es gibt klare Regeln für das Verhalten der Mitarbeiter vor.

2.2 Erste-Hilfe-Richtlinien

Auf Bestreben vieler Länder und Organisationen wurde im Jahr 1992 in Dallas das International Liaison Committee on Resuscitation (ILCOR) gegründet. Das ILCOR ist ein Verbund von verschiedenen Institutionen und Fachverbänden, die sich wissenschaftlich mit der Reanimation beschäftigen. Es sichtet den Stand der internationalen Reanimationswissenschaft und deren neue Erkenntnisse, um Behandlungsempfehlungen im Konsens aller Mitglieder vorzuschlagen. Diese machen die einvernehmlich erstellten Richtlinien zur Grundlage ihrer eigenen, meist nationalen Richtlinien zur Reanimation. Das ILCOR veröffentlichte seine Richtlinien zum ersten Mal im Jahr 2000. Zurzeit sind am ILCOR die American Heart Association (AHA), das European Resuscitation Council (ERC), die Heart and Stroke Foundation of Canada (HSFC), das Australian Resuscitation Council (ARC), New Zealand Resuscitation Council (NZRC), das Resuscitation Council of Southern Africa (RCSA), das Resuscitation Council of Asia (RCA) und die InterAmerican Heart Foundation (IAHF) beteiligt.

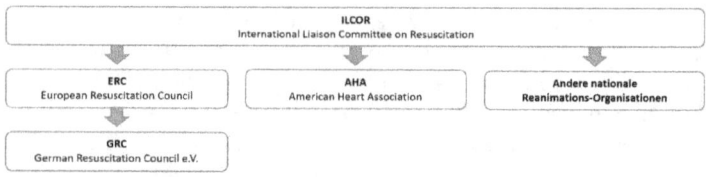

Abbildung 3: Herausgabe von Richtlinien zur Reanimation

Obwohl alle nationalen Richtlinien auf den Empfehlungen des ILCOR basieren, gibt es aufgrund von geografischen, kulturellen, klimatischen und organisatorischen Gegebenheiten Unterschiede in den Leitlinien. Diese betreffen aber in der Regel die Vorgaben für medizinisches Fachpersonal. Selbst im deutschsprachigen Raum folgen nicht alle Fachgesellschaften den Vorgaben des ERC. Beispielsweise erstellt das Swiss Resuscitation Council (der Schweizerische Rat für Wiederbelebung) seine Leitlinien in Anlehnung an die AHA. Grundsätzlich kann man aber sagen, dass es in den einzelnen nationalen Richtlinien für den Laien-Ersthelfer keine relevanten Unterschiede gibt. Zum einen basieren sie alle auf demselben Ursprung (ILCOR) und zum anderen ist man in den letzten Jahren bestrebt, in den grundlegenden Algorithmen Unterschiede zu beseitigen.

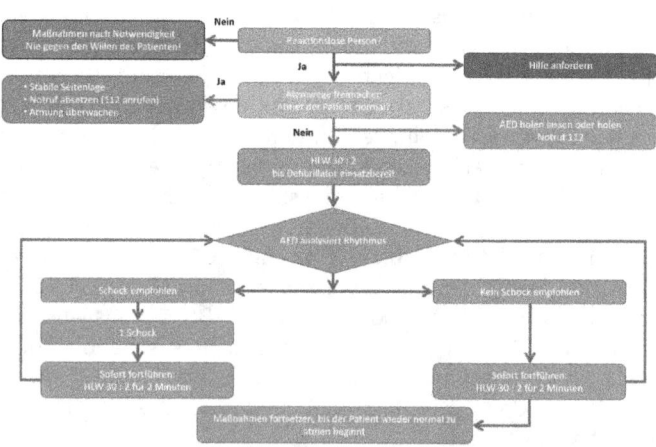

Abbildung 4: Basic-Life-Support-Leitlinien des ERC

2.3 Nationale Gesetzgebung

Generell gilt für die Anwendbarkeit aller Rechtsgrundlagen das sogenannte Territorialitätsprinzip, welches besagt, dass alle Personen der Hoheitsgewalt, also den Gesetzen des Staates unterworfen sind, auf dessen Territorium sie sich jeweils befinden. Das Territorium eines Staates wird als Hoheitsgebiet bezeichnet und stellt den Raum dar, innerhalb dessen ein Staat seine Staatsgewalt ausübt. Im Seerechtsübereinkommen (SRÜ) der Vereinten Nationen (UN) ist geregelt, dass das Küstenmeer (12 Seemeilen), soweit vorhanden, zum Hoheitsgebiet des jeweiligen Staates gehört. Deshalb spricht man auch von den Hoheitsgewässern bzw. der 12-Meilen-Zone des jeweiligen Staates. Darin gilt seine Gesetzgebung uneingeschränkt.

Als ausschließliche Wirtschaftszone (AWZ) wird nach Art. 55 SRÜ das Gebiet jenseits des Küstenmeeres bis zu einer Entfernung von 200 Seemeilen ab der Basislinie bezeichnet (daher auch 200-Meilen-Zone), in dem der angrenzende Küstenstaat in begrenztem Umfang souveräne Rechte und Hoheitsbefugnisse wahrnehmen kann, insbesondere das alleinige Recht zur wirtschaftlichen Ausbeutung einschließlich der Nutzung der Windenergie (vgl. im einzelnen Art. 55 bis 75 SRÜ).

Alle Teile des Meeres, die nicht zur ausschließlichen Wirtschaftszone, zum Küstenmeer oder zu den inneren Gewässern eines Staates oder zu den Archipelgewässern eines Archipelstaats gehören, werden nach Art. 86 SRÜ als hohe See bezeichnet. Sie sind frei von der Ausübung staatlicher Hoheitsgewalt.

An Bord von Seeschiffen gelten neben den internationalen Vorschriften für die Seeschifffahrt, unabhängig von ihrer Position, immer die nationalen Gesetze des jeweiligen Flaggenstaats. Auf Schiffen unter deutscher Flagge muss daher zwischen Besatzung und Passagieren unterschieden werden. Laut § 1 Abs. 2 Arbeitsschutzgesetz (ArbSchG) gilt dieses nicht für die Besatzung von Seeschiffen und in Betrieben, die dem Bundesberggesetz unterliegen. Für Passagiere gilt es hingegen schon, da diese regelmäßig nicht Teil der Besatzung sind. Anders verhält es sich mit den Unfallverhütungsvorschriften der Berufsgenossenschaft (BG) Verkehr im Rahmen der Deutschen Gesetzlichen Unfallversicherung (DGUV) bei Schiffen unter deutscher Flagge. Diese gelten grundlegend für Besatzung und Passagiere und können sogar unter bestimmten Umständen im Rahmen der Ausstrahlung auf Schiffen mit ausländischer Flagge für Personal gelten, dessen Arbeitsverträge deutschen Recht unterliegen.

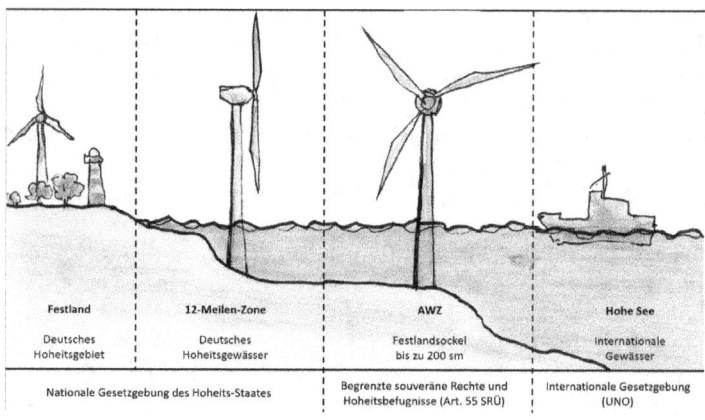

Abbildung 5: Territorialprinzip zum Geltungsbereich der Gesetze

In Deutschland basieren alle nationalen Gesetze auf dem Grundgesetz (GG) und müssen mit diesem konform sein. Beispielsweise ist das Arbeitsschutzgesetz letztlich eine Spezifizierung des Grundgesetzes in Bezug auf das Recht auf körperliche Unversehrtheit nach § 2 Abs. 2 während der Ausübung einer beruflichen Tätigkeit. Die Unfallverhütungsvorschriften der DGUV bzw. der für die Branche zuständigen Berufsgenossenschaft basieren wiederum auf den geltenden Gesetzen. Da das erwähnte Prinzip der Territorialität gilt, muss vor Anwendung eines Gesetzes immer dessen Geltungsbereich betrachtet werden. Dieser findet sich in der Regel gleich am Anfang des Gesetzestextes. Der Geltungsbereich deutscher Gesetze endet somit grundsätzlich mit dem Ende der 12-Meilen-Zone. In dem jeweiligen Gesetz kann dann eine Erweiterung des Geltungsbereiches bis in die AWZ festgelegt sein. Im Arbeitsschutzgesetz findet sich beispielsweise dazu im §1 Abs. 1 der folgende Wortlaut: „Dieses Gesetz dient dazu, Sicherheit und Gesundheitsschutz der Beschäftigten bei der Arbeit durch Maßnahmen des Arbeitsschutzes zu sichern und zu verbessern. Es gilt in allen Tätigkeitsbereichen und findet im Rahmen der Vorgaben des Seerechtsübereinkommens der Vereinten Nationen vom 10.12.1982 auch in der AWZ Anwendung."

Gerade das ArbSchG ist ein Gesetz, auf dem viele Verordnungen basieren. Diese gelten damit uneingeschränkt im Geltungsbereich des Gesetzes. Spätestens im Bereich der hohen See endet allerdings der Geltungsbereich jedes deutschen Gesetzes.

Der generelle Arbeitsschutz wird in Deutschland über drei unterschiedliche Wege gewährleistet:

- Staat (Gesetze, Verordnungen)
- Private Normgeber (technische Regelwerke und Normen)
- Selbstverwaltung durch Deutsche Gesetzliche Unfallversicherung (DGUV) und Unfallkassen

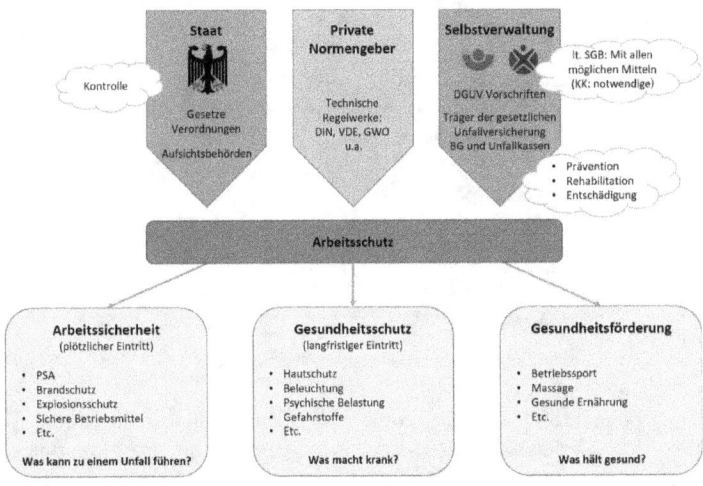

Abbildung 6: Organisation des Arbeitsschutzes in Deutschland

Die für den Arbeitsschutz zuständigen staatlichen Ämter und die Berufsgenossenschaften (BG) kontrollieren die Einhaltung der gesetzlichen Vorschriften. Da der Arbeitsschutz in der Verantwortung der einzelnen Bundesländer liegt, ist die Zuständigkeit der Ämter unterschiedlich geregelt.

Das ArbSchG, dass uneingeschränkt (inkl. aller darauf basierenden Rechtsvorschriften) in der deutschen AWZ gilt, bildet in Deutschland die Basis für den Arbeitsschutz. Danach ist der Unternehmer uneingeschränkt für die Umsetzung und Kontrolle aller Arbeitsschutzmaßnahmen verantwortlich. Er kann diese Verantwortungen delegieren; die grundsätzliche Verantwortung, unter anderem für die Auswahl der Personen (Auswahlverantwortung), verbleibt aber immer bei ihm. Eine grundsätzliche Organisation des Arbeitsschutzes im Betrieb ist in Abbildung 7 schematisch dargestellt:

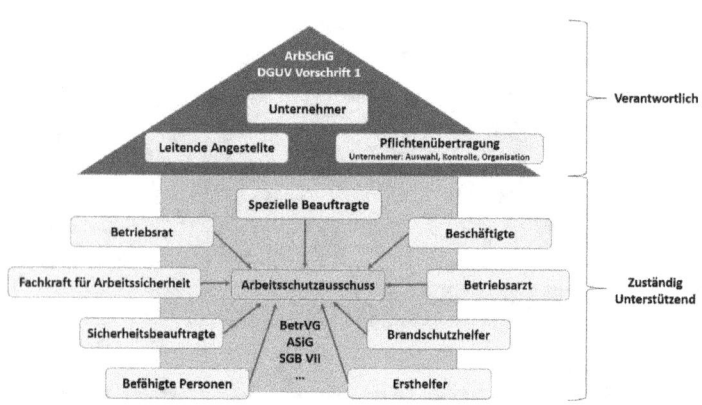

Abbildung 7: Betriebliche Organisation des Arbeitsschutzes

Grundlage für die Erfüllung der Unternehmerpflichten ist die für jeden Arbeitsplatz im Arbeitsschutzgesetz geforderte Gefährdungsbeurteilung. Die Gefährdungsbeurteilung ist die systematische Ermittlung und Bewertung relevanter Gefährdungen der Beschäftigten mit dem Ziel, die erforderlichen Maßnahmen für Sicherheit und Gesundheit festzulegen. Alle Maßnahmen müssen auf ihre Wirksamkeit überprüft und erforderlichenfalls angepasst werden. Rechtsvorschriften, nach denen eine Gefährdungsbeurteilung gefordert wird:

- Arbeitsstättenverordnung
- Betriebssicherheitsverordnung
- Gefahrstoffverordnung

- Biostoffverordnung
- Lärm- und Vibrations-Arbeitsschutzverordnung
- Arbeitsschutzverordnung zu künstlicher optischer Strahlung
- Arbeitsschutzverordnung zu elektromagnetischen Feldern
- Lastenhandhabungsverordnung
- Mutterschutzrichtlinienverordnung

Eine Gefährdungsbeurteilung ist durchzuführen (Anlass):

- Bei Änderung von Vorschriften bzw. Veränderungen des Standes der Technik
- Nach Störfällen
- Nach dem Auftreten von Arbeitsunfällen, Beinaheunfällen, Berufskrankheiten oder anderen arbeitsbedingten Gesundheitsbeeiträchtigungen

Grundsätzlich ist eine Gefährdungsbeurteilung vor der Aufnahme der jeweiligen Tätigkeit durchzuführen; auch die erforderlichen Maßnahmen müssen vor Beginn der Tätigkeit umgesetzt werden.

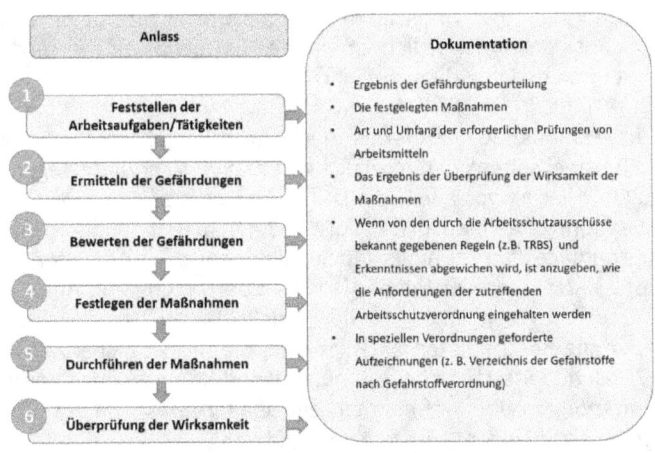

Abbildung 8: Vorgehen bei der Erstellung einer Gefährdungsbeurteilung

Allgemeine Grundsätze des Arbeitsschutzes:

- Die Arbeit ist so zu gestalten, dass eine Gefährdung für Leben und Gesundheit möglichst vermieden und die verbleibende Gefährdung möglichst gering gehalten wird.
- Gefahren sind an ihrer Quelle zu bekämpfen.
- Bei den Arbeitsschutzmaßnahmen sind der Stand der Technik, Arbeitsmedizin und Hygiene sowie sonstige gesicherte arbeitswissenschaftliche Erkenntnisse zu berücksichtigen.
- Maßnahmen sind so zu planen, dass Technik, Arbeitsorganisation, sonstige Arbeitsbedingungen, soziale Beziehungen und Umwelt sachgerecht mit dem Arbeitsplatz verknüpft werden.
- Individuelle Schutzmaßnahmen sind nachrangig zu anderen Maßnahmen.
- Spezielle Gefahren für besonders schutzbedürftige Beschäftigtengruppen sind zu berücksichtigen (z. B. Schwangere, Jugendliche).
- Den Beschäftigten sind geeignete Anweisungen zu erteilen.
- Mittelbar oder unmittelbar geschlechtsspezifisch wirkende Regelungen sind nur zulässig, wenn diese aus biologischen Gründen zwingend geboten sind.
- Auch wenn der Unternehmer für die Umsetzung des Arbeitsschutzes verantwortlich ist, haben Mitarbeiter eine gesetzlich verankerte Mitwirkungspflicht.

Darüber hinaus hat der Unternehmer weitergehende Anforderungen, zum Beispiel seitens der gesetzlichen Unfallversicherungsträger, zu erfüllen. Hier ist vor allem die DGUV Vorschrift 1 „Grundsätze der Prävention" zu nennen. In § 7 Abs. 1 findet man unter anderem auch die Grundlage aller Trainings und Ausbildungen der Mitarbeiter. Dort heißt es, dass der Arbeitgeber bei der Übertragung von Aufgaben auf Beschäftigte je nach Art der Tätigkeiten zu berücksichtigen hat, ob die Beschäftigten befähigt sind, die für die Sicherheit und den Gesundheitsschutz bei der Aufgabenerfüllung zu beachtenden Bestimmungen und Maßnahmen einzuhalten. Das sind sie in der Regel nur nach einer geeigneten Ausbildung.

Ein weiterer wichtiger Punkt wird sowohl im Arbeitsschutzgesetz als auch im Regelwerk der Berufsgenossenschaften gefordert. Gemeint ist hier die physische und psychische Eignung für den Arbeitsplatz. Pflicht des Arbeitgebers ist es, sich von eben dieser Eignung des

Mitarbeiters zu überzeugen. Die Verordnung zur arbeitsmedizinischen Vorsorge (ArbMedVV) ist dazu nicht geeignet, da dort keine Eignungs- bzw. Tauglichkeitsuntersuchungen behandelt werden.

Für Eignungs- oder Tauglichkeitsuntersuchungen existiert derzeit kein anwendbarer Rechtsrahmen. Einerseits hat der Unternehmer sich von Eignung des Mitarbeiters zu überzeugen, andererseits gibt es keine Möglichkeit, den Mitarbeiter gegen seinen Willen zur Konsultation eines Arztes zu bewegen. Letztlich ist also die Einsicht des Mitarbeiters notwendig, dass eine Eignungsuntersuchung beiden Parteien etwas nützt – der Arbeitgeber kommt seiner gesetzlichen Pflicht nach und der Arbeitnehmer erhält durch die Untersuchung weitgehende Informationen zu seinem Gesundheitszustand. Der Arzt kann sicher keinen Herzinfarkt oder dergleichen für die nächsten Jahre ausschließen, aber er kann eine Aussage zur Wahrscheinlichkeit möglicher gesundheitlicher Komplikationen treffen. Sollte eine akute Erkrankung in großer Entfernung zur territorialen Infrastruktur auftreten, muss über deutlich schlechtere Überlebenschancen oder einen deutlich schlechteren Outcome gesprochen werden. Die Untersuchung erfolgt in der Regel nach dem Regelwerk der Arbeitsgemeinschaft der Wissenschaftlichen Medizinischen Fachgesellschaften e. V. (AWMF).

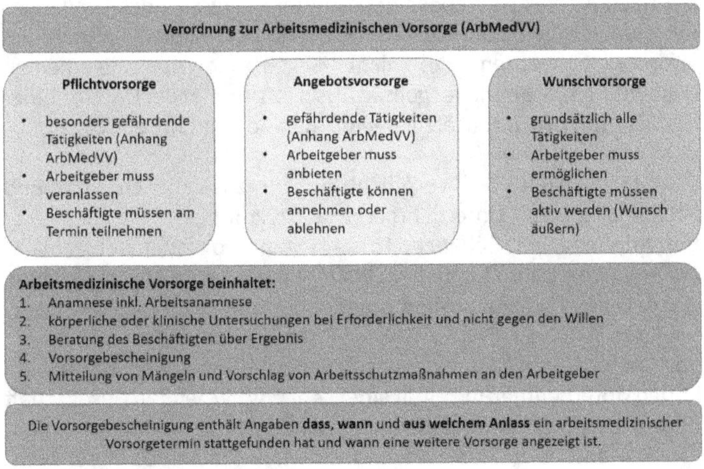

Verordnung zur Arbeitsmedizinischen Vorsorge (ArbMedVV)

Pflichtvorsorge	Angebotsvorsorge	Wunschvorsorge
• besonders gefährdende Tätigkeiten (Anhang ArbMedVV) • Arbeitgeber muss veranlassen • Beschäftigte müssen am Termin teilnehmen	• gefährdende Tätigkeiten (Anhang ArbMedVV) • Arbeitgeber muss anbieten • Beschäftigte können annehmen oder ablehnen	• grundsätzlich alle Tätigkeiten • Arbeitgeber muss ermöglichen • Beschäftigte müssen aktiv werden (Wunsch äußern)

Arbeitsmedizinische Vorsorge beinhaltet:
1. Anamnese inkl. Arbeitsanamnese
2. körperliche oder klinische Untersuchungen bei Erforderlichkeit und nicht gegen den Willen
3. Beratung des Beschäftigten über Ergebnis
4. Vorsorgebescheinigung
5. Mitteilung von Mängeln und Vorschlag von Arbeitsschutzmaßnahmen an den Arbeitgeber

Die Vorsorgebescheinigung enthält Angaben **dass**, **wann** und **aus welchem Anlass** ein arbeitsmedizinischer Vorsorgetermin stattgefunden hat und wann eine weitere Vorsorge angezeigt ist.

Abbildung 9: Übersicht ArbMedVV

Die rechtliche Grundlage für jede Form der Ersten Hilfe ist in Deutschland der § 323c Strafgesetzbuch (StGB), nach welchem jeder zur Erste-Hilfe-Leistung verpflichtet ist. Bestraft wird derjenige, der zu helfen in der Lage ist – egal in welcher Form – und es nicht tut. Für die effektive und wirkungsvolle Umsetzung der Ersten Hilfe im Rahmen eines Arbeitsverhältnisses kommen weitere gesetzliche Regelungen und berufgenossenschaftliche Vorschriften hinzu:

- Arbeitsschutzgesetz (ArbSchG)
- Sozialgesetzbuch siebentes Buch (SGB VII) – Gesetzliche Unfallversicherung
- Jugendarbeitsschutzgesetz (JArbSchG)
- Gewerbeordnung (GewO)
- Arbeitsstättenverordnung (ArbStättV)
- Arbeitsstätten-Regeln (v. a. ASR A4.3 „Erste-Hilfe-Räume, Mittel und Einrichtungen zur Ersten Hilfe")
- Gesetz über Betriebsärzte, Sicherheitsingenieure und Fachkräfte für Arbeitssicherheit – Arbeitssicherheitsgesetz (ASiG)
- DGUV Vorschrift 1 „Grundsätze der Prävention"
- DGUV-Empfehlung „Erste Hilfe in Offshore-Windparks"

Unter den aufgeführten Regelungen und Vorschriften ist besonders § 26 Abs. 4 DGUV Vorschrift 1 hervorzuheben:

„Ist nach Art des Betriebes, insbesondere aufgrund des Umganges mit Gefahrstoffen, damit zu rechnen, dass bei Unfällen Maßnahmen erforderlich werden, die nicht Gegenstand der allgemeinen Ausbildung zum Ersthelfer gemäß Absatz 2 sind, hat der Unternehmer für die erforderliche zusätzliche Aus- und Fortbildung zu sorgen."

Eine Möglichkeit, der Verpflichtung zur zusätzlichen Aus- und Fortbildung als Unternehmer nachzukommen, ist der hier beschriebene GWO Enhanced First Aid Standard bzw. in Deutschland die Ausbildung zum Ersthelfer Offshore nach der DGUV Empfehlung „Erste Hilfe in Offshore-Windparks".

Von der moralischen und der gesetzlichen Verpflichtung abgesehen, haben Unternehmen in Zeiten einer sehr eng vernetzten Gesellschaft den Arbeitsschutz auch als Aushängeschild und Marketinginstrument für sich entdeckt. Sinnvolle und effektive Prävention sorgt weitgehend für die Verhinderung von Arbeitsunfällen und somit von

Negativschlagzeilen. Im Bereich der Ersten Hilfe an abgelegenen Arbeitsorten begegnet man nicht nur dem klassischen, durch Arbeitsunfälle verursachten Unfallgeschehen, sondern gerade im Offshore-Einsatz überwiegend unvorhergesehenen akuten Erkrankungen und Notfällen. Eine im Notfall gut funktionierende Organisation der Ersten Hilfe ist ein Aushängeschild für das Unternehmen und wird sicher von den Mitarbeitern entsprechend gewürdigt.

Bei der Organisation der Erste Hilfe müssen die folgenden Punkte grundsätzlich beachtet werden:

- Es muss ausreichend Erste-Hilfe-Material (z. B. Verbandmaterial, Rettungsdecke, Krankentrage) vor Ort zur Verfügung stehen,
- Erste-Hilfe-Materialien sind nach dem Verbrauch unverzüglich wieder aufzufüllen und bei Unbrauchbarkeit oder Ablauf des Verfallsdatums umgehend zu entsorgen und neu zu beschaffen.
- Verbandkästen müssen an geeigneten, gut einsehbaren und zugänglichen Stellen angebracht sein (von ständigen Arbeitsplätzen höchstens 100 Meter Wegstrecke oder höchstens eine Geschosshöhe entfernt).
- Erforderliche medizinische Geräte sind gemäß der Gefährdungsbeurteilung bereitzustellen (AED, Beatmungsgerät, Notduschen).
- Es müssen mindestens nach DGUV Vorschrift 1 § 26 Abs. 1 ausreichend aus- bzw. fortgebildete Ersthelfer zur Verfügung stehen.
- Gemäß § 10 Abs. 1 ArbSchG hat der Unternehmer dafür zu sorgen, dass im Notfall die erforderlichen Verbindungen zu außerbetrieblichen Stellen, insbesondere in den Bereichen der Ersten Hilfe, der medizinischen Notversorgung, der Rettung und der Brandbekämpfung vorhanden sind und funktionieren.
- Jeder Mitarbeiter und jede Mitarbeiterin muss jederzeit und an jedem Arbeitsplatz einen Notruf absetzen können.
- Vor Beginn der Arbeiten muss sichergestellt sein, dass der Notruf abgesetzt und weitere Maßnahmen eingeleitet werden können.
- Rettungs- und Hilfskräfte (betriebseigene oder externe) müssen den Notfallort im Einsatzfall schnell erreichen und betreten können.

An abgelegenen Standorten sind bei der Organisation der Ersten Hilfe zusätzliche Punkte zu berücksichtigen:

- In der Regel wird es an allen abgelegenen Arbeitsplätzen entgegen der erwähnten DGUV Vorschrift 1 § 26 Abs. 1 notwendig bzw. sogar gefordert (spezifische Regelungen bzw. Empfehlungen der DGUV) sein, dass jeder dort tätige Mitarbeiter als Ersthelfer ausgebildet ist.
- Wenn aus der Gefährdungsbeurteilung ersichtlich wird, dass die Ausbildung zum betrieblichen Ersthelfer nicht ausreicht oder der Arbeitgeber aus anderen Gründen nicht jederzeit unverzügliche und wirksame Erste Hilfe (z. B. aufgrund langer Hilfsfristen) sicherstellen kann, müssen die Mitarbeiter in Maßnahmen der erweiterten Ersten Hilfe ausgebildet bzw. andere zusätzliche Maßnahmen ergriffen werden.
- Aus der Gefährdungsbeurteilung ersichtliches zusätzliches medizinisches Equipment (z. B. Geräte für die Telekonsultation) muss vorgehalten werden.
- Nach § 24 Abs. 3 DGUV Vorschrift 1 hat der Unternehmer für einen sachgerechten Transport zu sorgen. Auf dem Festland stehen für den sachkundigen Transport in der Regel die Einrichtungen des öffentlichen Rettungsdienstes zur Verfügung. Ist dies nicht der Fall (z. B. offshore), muss der Arbeitgeber entsprechende Verträge mit Rettungsdiensten und Telekonsultationsärzten abschließen.

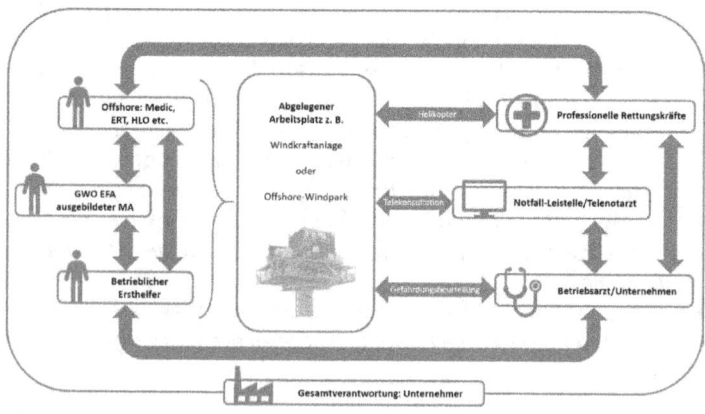

Abbildung 10: Organisation der Ersten Hilfe, Abstimmung und Koordination

Abbildung 10 erhebt keinen Anspruch auf Vollständigkeit. Je nach Ort und Umständen können weitere Beteiligte in die Notfallorganisation einbezogen sein. Weiter ist zu berücksichtigen, dass beispielsweise im Offshore-Bereich oder auf Großbaustellen häufig Erste-Hilfe-Räume und weitere technische Einrichtungen vorhanden sind und mit in die Organisation der Ersten Hilfe einbezogen werden müssen.

Der Beweis, dass eine theoretisch geplante Organisation funktioniert, kann nur durch praktisches und möglichst realitätsnahes Szenariotraining erbracht werden. Dazu gehört auch das regelmäßige und standardisierte Training der Mitarbeiter im Rahmen der festgelegten Aufgabenverteilung.

2.4 Internationale Gesetzgebung

Für die Erste Hilfe existieren international unterschiedliche gesetzliche Regelungen, die am jeweiligen Arbeitsort beachtet werden müssen. Diese Regelungen können außerhalb von Europa sehr unterschiedlich und fremdartig sein. Beispielsweise existiert in der Volksrepublik China keinerlei gesetzliche Grundlage für die Erste Hilfe nach Unfällen. Das hat zur Folge, dass dort für Erste-Hilfe-Leistungen zum Teil ungeahnte rechtliche Konsequenzen drohen können. Bei internationalen Arbeitseinsätzen ist es Aufgabe des Unternehmers, bereits im Vorfeld der Organisation der Ersten Hilfe für rechtliche Klärung zu sorgen.

In Europa haben sich derzeit 28 Mitgliedsstaaten zur Europäischen Union zusammengeschlossen. Grundsätzlich sind die Rechtsakte, die gemäß den Rechtsetzungsverfahren der EU von den europäischen Institutionen – Kommission, Rat und Parlament – im Rahmen der supranationalen Gemeinschaftsmethode beschlossen werden, bindend. Mitgliedsstaaten der Europäischen Union (EU) müssen laut EU-Vertrag deren Richtlinien in das nationale Recht umsetzen. Nur so werden sie in dem jeweiligen Mitgliedsstaat rechtlich wirksam. EU-Verordnungen hingegen werden in allen Mitgliedsstaaten unmittelbar wirksam.

Für die Belange des GWO Enhanced First Aid Standards ist die EU-Rahmenrichtlinie über Sicherheit und Gesundheitsschutz bei der Arbeit (Richtlinie 89/391/EWG) von besonderer Bedeutung. Auf ihr basiert bei allen Mitgliedern der EU die jeweilige nationale Gesetzgebung zum Arbeitsschutz und dessen Organisation, wozu auch die Erste Hilfe im Betrieb gehört. Auch wenn man innerhalb Europas von einer sehr ähnlichen rechtlichen Situation ausgehen kann, darf nicht vergessen werden, dass es sich lediglich um eine EU-Richtlinie handelt, die mit entsprechendem Spielraum von den Mitgliedsstaaten in nationales Recht umgesetzt werden muss. Eine weitere Frage ist die gegenseitige und länderübergreifende Anerkennung entsprechender Ausbildungen im Bereich der (betrieblichen) Ersten Hilfe. Diese existiert nur bedingt. Die GWO versucht mit den von ihr herausgegeben Standards für die Windindustrie eine Homogenisierung der Ausbildungen zu erreichen. Selbst im Bereich der Europäischen Union ist das eine große Herausforderung.

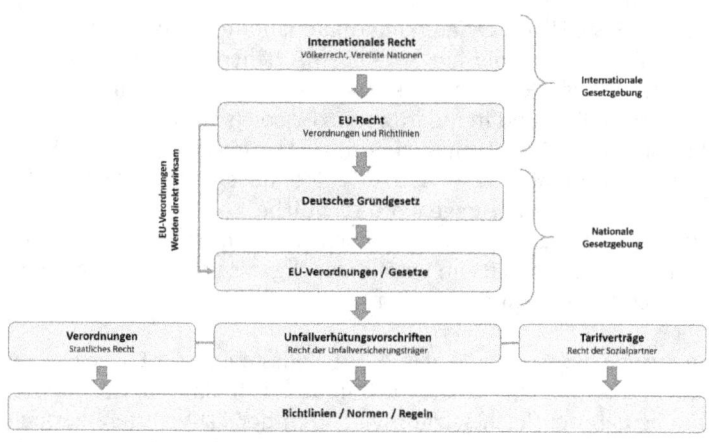

Abbildung 11: Aufbau der Gesetzgebung

Für Mitarbeiter in einem deutschen Arbeitsverhältnis findet bei internationalen Einsätzen der § 4 SGB IV Anwendung. Man spricht hier von der Ausstrahlung des Sozialversicherungsrechts. Für Beschäftigte, die vorübergehend ihren Beschäftigungsort ins Ausland verlagern, gelten demnach weiterhin die deutschen Rechtsvorschriften über Versicherungspflicht und Versicherungsberechtigungen. Liegen diese gesetzlichen Voraussetzungen (z. B. zeitliche Befristung der Tätigkeit im Ausland, Anspruch des Arbeitnehmers auf Arbeitsentgelt gegen den Arbeitgeber in Deutschland) für die Anwendung der deutschen Rechtsvorschriften vor, so strahlen diese ins Ausland aus. Zu beachten ist, dass es bei einer Entsendung in das Ausland in den einzelnen Zweigen der Sozialversicherung in den jeweiligen Staaten unterschiedliche Regelungen geben kann. Der Zusammenhang zwischen der Ersten Hilfe und deren Zuständigkeiten im Rahmen der deutschen Gesetzgebung sind in den vorhergehenden Absätzen erklärt worden.

Für Offshore-Arbeitsplätze, gerade in Bezug auf die dort eingesetzten Schiffe, können zusätzliche internationale Bestimmungen der Seeschifffahrt in Betracht kommen. Zu nennen ist hier die elementare Erste Hilfe die im internationalen Übereinkommen „Standards of Training, Certification and Watchkeeping for Seafarers" (STCW) beschrieben ist. Auch das STCW-Übereinkommen kennt eine Art erweiterte Erste Hilfe. Diese wird in der Regel von der Schiffsführung gefordert und geht inhaltlich über den hier beschriebenen GWO-Standard hinaus.

3 Anatomie

Die Anatomie ist die Lehre vom Bau des menschlichen Körpers. Für die korrekte Durchführung von Erste-Hilfe-Maßnahmen ist es wichtig, grundlegende Kenntnisse über die Lage der inneren Organe ihrer Funktionen zu besitzen. Nur so können in Notfallsituationen die richtigen Entscheidungen getroffen und Symptome einer Verletzung an medizinisches Fachpersonal korrekt übermittelt werden.

Der menschliche Körper wird in mehreren Organisationsebenen beschrieben:

- Atome und Moleküle
- Organellen (Zusammenschluss chemischer Verbindungen)
- Zellen (Verband mehrerer Organellen)
- Gewebe (Verband von Zellen mit gleicher Funktion)
- Organe (Herz, Leber, Lunge etc.)
- Organsysteme (Nerven-, Hormon-, Herz-Kreislauf-, Atmungs-, Verdauungs-, Urogenital-, Stütz- und Bewegungs- und Immunsystem, Haut)
- Psyche

Alle Organisationsebenen des Körpers sind in die sechs grundlegenden Lebensprozesse eingebunden:

- Stoffwechsel
- Erregbarkeit und Kommunikation
- Motilität (Reaktion auf äußere Reize mit Bewegungen)
- Wachstum und Entwicklung
- Reproduktion (Vermehrung)
- Differenzierung (Spezialisierung einzelner Zellen)

3.1 Lebensbedingungen für den menschlichen Körper

Die kleinsten Bau- und Funktionseinheiten des menschlichen Körpers sind die Zellen. Ein Mensch besteht aus mehreren Milliarden Zellen. Innerhalb einer einzigen Sekunde werden mehrere Millionen Zellen neu gebildet. Gleichzeitig sterben in dieser Zeit ebenso viele Zellen ab. Zellen nehmen am Stoffwechsel teil, indem sie Stoffe aufnehmen, umbauen und auch wieder freisetzen. Viele Zellen sind auf bestimmte Aufgaben spezialisiert und können wachsen, sich teilen und auf Umgebungsreize reagieren.

Körperzellen benötigen Sauerstoff, um aus der aufgenommenen Nahrung Energie zu gewinnen. Während dieses Prozesses, der Zellatmung genannt wird, nutzt die Zelle den Sauerstoff, um Zucker aufzuspalten und damit Energie für den Körper bereitzustellen. Neben der so gewonnenen Energie entsteht während der Zellatmung als Abfallprodukt Kohlenstoffdioxid (CO_2). Unsere Existenz hängt somit von einer permanenten Sauerstoffzufuhr ab. Der benötigte Sauerstoff wird während des Einatmens aus der Umgebungsluft in der Lunge gewonnen. Aufgrund des physikalischen Prozesses der Diffusion (Ausgleich von Konzentrationsunterschieden) gelangt der in der Umgebungsluft enthaltene Sauerstoff (ca. 20 %, der Rest sind Stickstoff und Edelgase) über die Lungenbläschen (Alveolen) in die sie umgebenden Kapillargefäße und somit in unseren Blutkreislauf. Die roten Blutkörperchen (Erythrozyten) übernehmen ab hier den Transport des Sauerstoffs bis zu den entlegensten Zellen im Körper. An der Zelle angelangt, findet der Sauerstoff wieder mithilfe der Diffusion seinen Weg in die Zelle. Gleichzeitig gelangt dabei das bei der Zellatmung angefallene Kohlenstoffdioxid aus der Zelle ins Blut. Dieses wird entweder gelöst im Blutplasma oder in einer chemisch gebundener Form wieder mithilfe der roten Blutkörperchen zurück zur Lunge transportiert, wo das Blut das Kohlenstoffdioxid über die Lungenbläschen abgibt, von wo es dann während der Atembewegungen ausgeatmet wird.

Ein erwachsener Mensch atmet in Ruhe etwa 12- bis 15-mal pro Minute. Bei jedem Atemzug atmet er 500 bis 700 ml Umgebungsluft ein. Das Atemminutenvolumen beträgt somit ca. 8 Liter (13 × 600 ml = 7800 ml). Dabei werden ca. 280 ml Sauerstoff aufgenommen und ca. 230 ml Kohlendioxid abgegeben (pro Minute).

Wie erwähnt besteht der menschliche Körper aus mehreren Organisationsebenen. Eine dieser Organisationsebenen sind die Organe. Unter Organen versteht man in sich geschlossene, selbstständige Systeme, die im menschlichen Körper eine bestimmte Aufgabe erfüllen. Klassische Beispiele sind unser Herz, die Leber oder der Magen. Im Rahmen der erweiterten Ersten Hilfe sind besonders die inneren Organe von Bedeutung, die eine lebenswichtige Funktion im Körper erfüllen und somit unverzichtbar sind. Als innere Organe werden im allgemeinen Sprachgebrauch alle Organe bezeichnet, die in der Brust- oder Bauchhöhle liegen.

Das Gehirn
Beim Menschen wird der im Kopf gelegene Teil des Nervensystems als Gehirn bezeichnet. Es liegt von den Schädelknochen geschützt in der Schädelhöhle und ist von drei Hirnhäuten umgeben. In dieser festen Hülle schwimmt es gewissermaßen im Hirnwasser, dem Liquor. Es schützt das Gehirn vor Verletzungen und Erschütterungen. Zusammen mit dem Rückenmark bildet das Gehirn unser zentrales Nervensystem. Das große Hinterhauptsloch ist die Durchtrittsstelle von der Schädelhöhle zum Wirbelkanal. Hier gehen Gehirn und Rückenmark ineinander über.

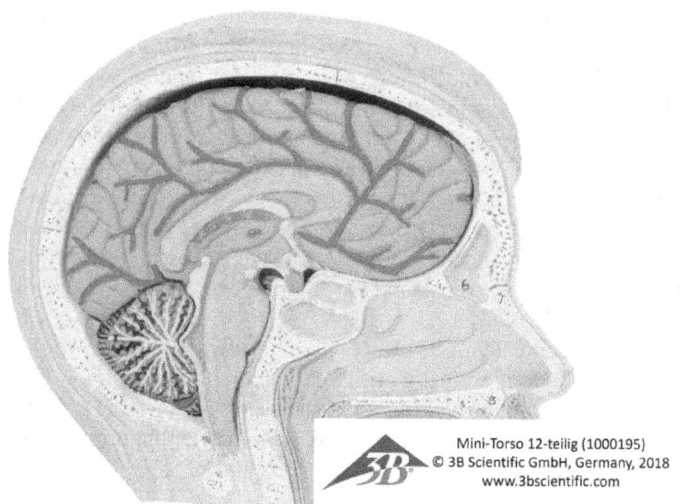

Abbildung 12: Das Gehirn – Lage im Kopf

Aufbau
Das Gehirn besteht aus zwei Gehirnhälften, die durch den sogenannten Balken miteinander verbunden sind. In der Gesamtheit betrachtet, lässt sich das Gehirn grob in 4 Bereiche untergliedern: das Großhirn, das Kleinhirn, das Mittelhirn und dem Nachhirn. Dabei entfallen ca. 80 Prozent der Hirnmasse auf das Großhirn.

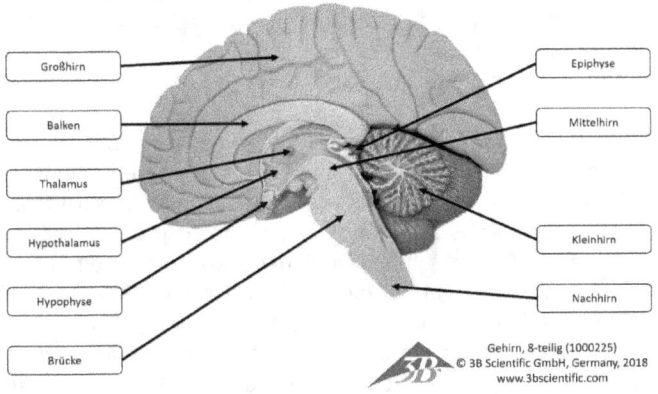

Abbildung 13: Das Gehirn – Aufbau

Funktion

Das Gehirn verarbeitet alle unsere Sinneswahrnehmungen und koordiniert komplexe Verhaltensweisen. Es ist der zentrale Speicher- und Verarbeitungsort für alle Informationen, die der Organismus liefert. Viele lebenswichtige Aufgaben werden von unserem Gehirn autonom gesteuert und verarbeitet. Diese Aufgaben müssen mit höchster Geschwindigkeit sowie möglichst ohne bewusste Verarbeitung und somit ohne verzögernde Einflussnahme erledigt werden. Man spricht daher vom autonomen Nervensystem. Es koordiniert vegetative Funktionen wie die Atmung, den Herzkreislauf, die Nahrungsaufnahme, die Verdauung und die Ausscheidung, die Flüssigkeitsaufnahme und -ausscheidung sowie die Fortpflanzung. Die Funktion des Gehirns ist durch die Messung der Gehirnströme (Elektroenzephalografie EEG) und der vom Gehirn produzierten elektrischen Felder (Magnetoenzephalografie MEG) nachweisbar.

Gemessen an der Gesamtkörpermasse hat das Gehirn beim Menschen einen Anteil von etwa 2 %. Im Vergleich dazu liegt der Anteil am Gesamtnährstoffbedarf bei ungefähr 20 %, was auf einen sehr hohen Energiebedarf schließen lässt. Außerdem verfügt das Gehirn im Gegensatz zu anderen Organen im Körper über äußerst geringe Nährstoff- bzw. Sauerstoff-Reserven.

Da Nervenzellen ihren Energiebedarf nicht ohne Sauerstoff decken können, führt eine Unterbrechung der Blutzufuhr bereits nach 10 Sekunden zur Bewusstlosigkeit und nach wenigen Minuten zum Zelltod.

Die Funktion des Gehirns ist an hochempfindliche elektrochemische und biochemische Vorgänge gebunden. Diese funktionieren nur in einer absolut konstanten Umgebung, dem sogenannten inneren Milieu. Jegliche Veränderung an dieser Umgebung führt zu Funktionsbeeinträchtigungen des Gehirns oder sogar, zu nicht regenerierbaren Schäden an den Nervenzellen. Kommt es beispielsweise zu einer Unterbrechung der Blutzufuhr, fallen in kurzer Zeit durch den im Vergleich zu anderen Organen hohen Energiebedarf des Gehirns überdurchschnittlich große Mengen an Stoffwechsel-Abbauprodukten an, die nicht mehr durch das Blut abgeführt werden und somit das innere Milieu stark verändern. Außerdem muss das Gehirn vor der Einwirkung körperfremder Stoffe, wie z. B. Krankheitserregern, geschützt werden. Deshalb sind das zentrale Nervensystem und das Gehirn durch die Blut-Hirn-Schranke weitgehend immunologisch vom normalen Blutkreislauf entkoppelt.

Das Herz
Unser Herz ist ein sogenannter Hohlmuskel, der mit seinen Kontraktionen Blut durch den Körper pumpt und damit die Blutversorgung der Organe sichert. Das Herz liegt im Brustkorb relativ mittig hinter dem Brustbein, eingebettet zwischen den beiden Lungenflügeln, auf der Höhe zwischen der zweiten und fünften Rippe. Der obere Teil des Herzens reicht nach rechts etwa zwei Zentimeter über den rechten Brustbeinrand hinaus. Unten kommt die Herzspitze knapp an eine gedachte senkrechte Linie heran, die durch die Mitte des linken Schlüsselbeins verläuft. Ein gesundes Herz ist ca. 15 cm lang und etwa 10 cm breit. Es wiegt im Durchschnitt 300 bis 350 g.

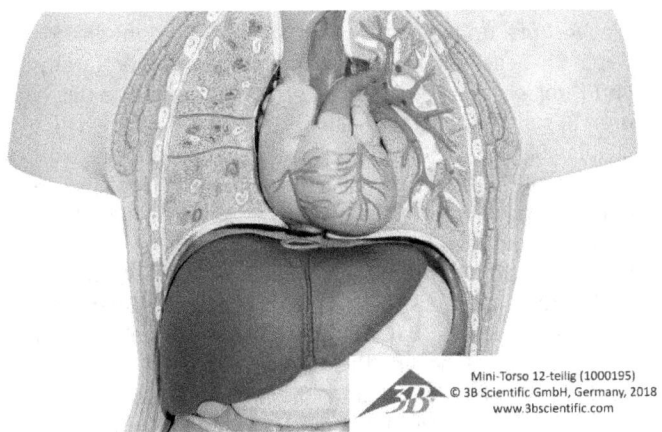

Abbildung 14: Das Herz – Lage im Körper

Aufbau
Das Herz wird in eine linke und eine rechte Hälfte unterteilt. Die beiden Hälften unterteilen sich jeweils in eine Herzkammer und einen Vorhof (Atrium). Zwischen den Herzhälften verläuft in vertikaler Richtung die Herzscheidewand (Septum). Es trennt den rechten von dem linken Vorhof sowie die rechte von der linken Herzkammer.

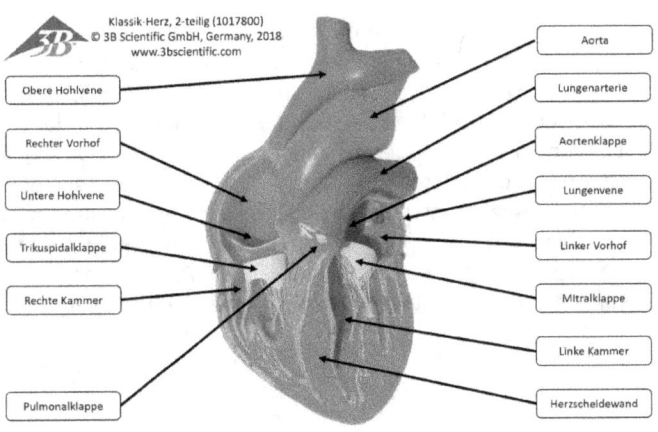

Abbildung 15: Das Herz – Aufbau

Die Vorhöfe und die Kammern sind in horizontaler Richtung durch die Segelklappen voneinander getrennt. Der Name kommt von ihrer segelartigen Struktur. Die rechte Klappe besteht aus drei Segeln und heißt deshalb Trikuspidalklappe (tri = drei, cuspis = Segel). Die linke Klappe besteht aus zwei Segeln und wird Bikuspidal- (bi = zwei, cuspis = Segel) bzw. Mitralklappe (wegen der Ähnlichkeit zur Bischofsmütze, Mitra) genannt. An den Austrittsöffnungen (Ausstrombahnen) der beiden Herzkammern finden sich am Übergang zur jeweiligen Arterie (Hauptschlagader und Lungenaterie), die Taschenklappen. Charakteristisch für sie sind die halbmondförmigen, schwalbennesterartig angeordneten Taschen. Die Klappe vor der Hauptschlagader wird als Aortenklappe und die vor der Lungenarterie als Pulmonalklappe bezeichnet. Alle Herzklappen funktionieren wie Rückschlagventile und sorgen so dafür, dass das Blut im Herzen nur in eine vordefinierte Richtung fließen kann.

Das Herz selbst versorgt sich über die sogenannten Koronararterien (corona = Kranz) bzw. Herzkranzgefäße mit Blut. Sie entspringen aus der Hauptschlagader (Aorta), kurz nach deren Abgang aus der linken Herzkammer im sogenannten Aortenbogen und versorgen den Herzmuskel mit Blut und Sauerstoff. Diese Blutversorgung des Herzmuskels ist existenziell für die Funktion des Herzens.

Funktion
Die Funktion des Herzens ist es, das Blut beständig durch den Körper zu pumpen und so die Versorgung der Organe mit Nährstoffen und Sauerstoff sowie den Abtransport der Stoffwechselprodukte zu gewährleisten. Dabei verbindet es den Lungen- mit dem Körperkreislauf und wirkt wie eine Druck- Saug- Pumpe, in der Ventile die Flussrichtung des Blutes regeln. Diese Ventile (Herzklappen) sorgen dafür, dass das Blut immer in die richtige Richtung gepumpt wird und nicht zurückfließt. Das Herz eines gesunden Erwachsenen schlägt ca. 70-mal pro Minute und fördert pro Herzschlag ca. 70 ml, also pro Minute in etwa 5 Liter, Blut.

Der Herzschlag wird durch elektrische Impulse aufrechterhalten. Diese werden im Herzen selbst vom sogenannten Sinusknoten erzeugt. Er ist sozusagen der Schrittmacher des Herzens. Von ihm aus breiten sich die elektrischen Impulse über ein kompliziertes Reizleitungssystem am Herzen aus.

Der Herzzyklus besteht aus einer rhythmischen Abfolge von Kontraktion (Systole) und Entspannung (Diastole).

Systole

- Anspannungsphase: Die Vorhöfe kontrahieren sich, der Druckanstieg führt zu einem Verschluss der Segelklappen.
- Austreibungsphase: Die Taschenklappen öffnen sich und das Herz pumpt Blut aus der linken Herzkammer in die Hauptschlagader (Aorta) und aus der rechten Herzkammer in die Lungenarterie (Aorta pulmonalis).

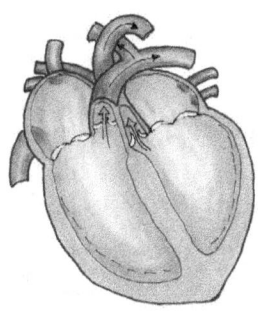

Abbildung 16: Systole – Blut wird in Lungen- u. Körperkreislauf gepumpt

Diastole

- Entspannungsphase: Die Vorhofkontraktion lässt nach und die Taschenklappen schließen sich.
- Füllungsphase: Die Segelklappen öffnen sich und Blut strömt aus den Vorhöfen in die Kammern.

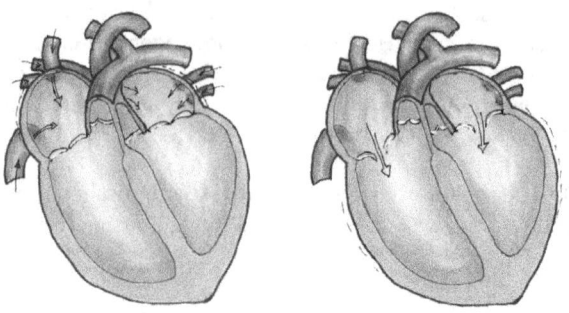

Abbildung 17: Diastole – Vorhöfe und Kammern füllen sich

Jeder Zyklus des Herzmuskels geht mit einem elektrischen Impuls einher. Die dadurch entstehenden Spannungsänderungen am Herzen können mit einem Elektrokardiogramm (EKG) über Elektroden an der Haut abgeleitet werden. Das EKG-Gerät verstärkt diese sehr schwachen Signale und stellt sie als Kurve dar. Mithilfe des EKGs kann die korrekte Funktion des Herzens überprüft werden.

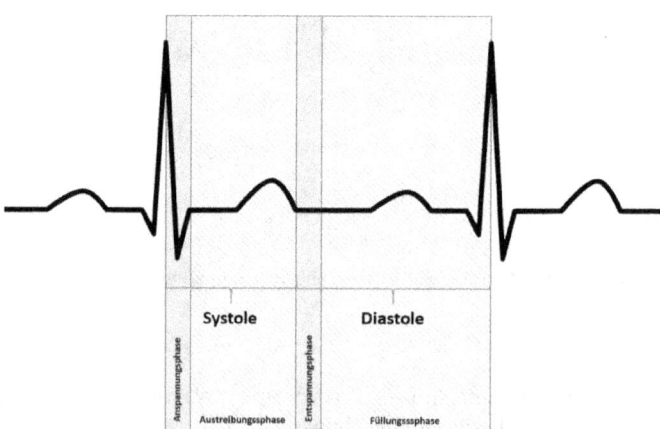

Abbildung 18: Zuordnung der Zyklusphasen des Herzens zum EKG

Die Lunge

Wie das Gehirn und das Herz gehört auch die Lunge (Pulmo) zu den lebenswichtigen Organen des Körpers. Die Lunge ist das entscheidende Organ im Atmungsprozess und füllt unseren Brustkorb (Thorax) fast vollständig aus. Das untere Ende der Lunge liegt auf dem Zwerchfell auf. Die Aufgabe der Lunge ist es, durch die Lungenbläschen (Alveolen) eine möglichst große Oberfläche für den Gasaustausch zwischen Umgebungsluft und Blut herzustellen. Dabei wird Sauerstoff aus der Einatemluft im Blut aufgenommen und Kohlendioxid aus dem Blut an die Ausatemluft abgegeben.

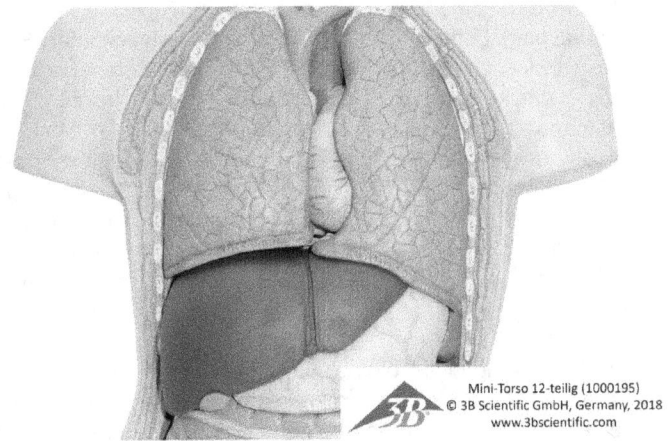

Abbildung 19: Die Lunge – Lage im Körper

Aufbau

Die Lunge besteht aus zwei Lungenflügeln. Der linke Lungenflügel ist etwas kleiner als der rechte Lungenflügel, da auf der linken Seite das Herz zusätzlichen Platz beansprucht. Die Lunge wird, ausgehend von Mund bzw. Nase, über die ca. 10 cm lange Luftröhre (Trachea) mit Atemluft versorgt. Am unteren Ende der Luftröhre teilt sich diese in den linken und rechten Hauptbronchus auf. Der linke und rechte Hauptbronchus verzweigt sich in dem jeweiligen Lungenflügel in kleinere Lappenbronchien (drei im rechten Lungenflügel, zwei im linken). Die Lappenbronchien wiederum verzweigen sich zu mehreren Segmentbronchien. Der rechte Lungenflügel ist in zehn, der linke in neun Segmente unterteilt.

In der Luftröhre sowie in den Bronchien finden sich Schleim produzierende Zellen und eine Vielzahl an feinen Härchen (Flimmerhärchen). Damit sich in der Lunge keine Fremdstoffe (z. B. Staub) festsetzen können, werden diese vom Schleim gebunden und durch die Bewegung der Flimmerhärchen nach oben in den Rachen befördert. Dort werden diese Partikel dann verschluckt oder ausgehustet. Auf größere Fremdkörper reagieren die Atemwege mit einem reflexartigen Hustenreiz.

Die Lunge ist mit dem Lungenfell überzogen – einer dünnen, glatten und feuchten Haut. Die gleiche Haut findet sich auch an der Innenseite des Brustkorbs. Dort wird sie als Rippenfell (Pleura) bezeichnet. Im Spalt zwischen Lungen- und Rippenfell (Pleuraspalt) befindet sich ein dünner Flüssigkeitsfilm. Somit können sich Lunge und Brustkorb bei den Atembewegungen zwar verschieben, aber nicht voneinander lösen. Dieses Aneinanderhaften basiert auf dem physikalischen Effekt der Adhäsion – in der Regel bekannt aus dem Schulexperiment mit den beiden Glasscheiben, die mit einem Wassertropfen aneinanderhaften. Sollte der Flüssigkeitsfilm z. B. durch äußere Einwirkung reißen, ist ein Anhaften der Lunge am Brustkorb nicht mehr gegeben und die Atmung funktioniert nicht mehr effektiv.

Funktion
Im Wesentlichen wird die Atmung durch das Atemzentrum des Gehirns gesteuert. Dieses erhält seine Informationen von einer Reihe von Bio-Rezeptoren, die den Kohlenstoffdioxidgehalt des Blutes bzw. dessen Partialdruck messen. Wird ein Schwellenwert überschritten, wird der Atemreiz ausgelöst. An dem darauf folgenden Einatemvorgang sind eine ganze Reihe von Muskeln beteiligt, wobei das Zwerchfell mit über 90 % die wesentliche Rolle übernimmt. Unterstützt wird es von der Atemhilfsmuskulatur, zu der z. B. die Zwischenrippenmuskeln gehören.

Bewegt sich das Zwerchfell nach unten, wird mithilfe der beschriebenen Adhäsionskräfte die Lunge nach unten gezogen. Gleichzeitig halten die Adhäsionskräfte die Lunge am Rippenfell in Position. Aufgrund der Volumenvergrößerung der Lunge entsteht in ihrem Inneren ein Unterdruck, der Luft in die Lunge strömen lässt.

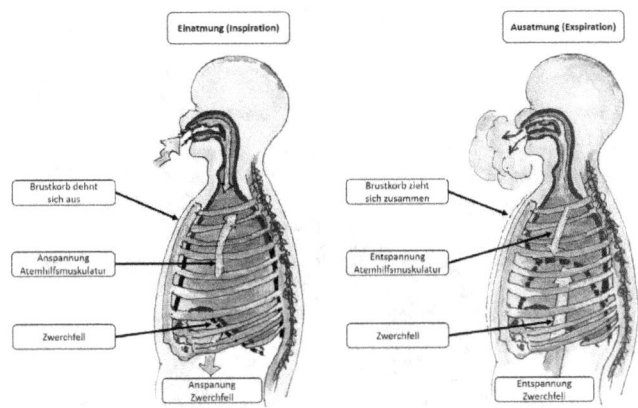

Abbildung 20: Funktion der Lunge

Mit jedem Atemzug strömt sauerstoffhaltige Luft durch die Luftröhre und die Bronchien bis hin zu den Lungenbläschen. An ihnen findet der eigentliche Gasaustausch statt. Eine gesunde Lunge enthält rund 300 Millionen Lungenbläschen. Durch ihre dünne Hülle tritt der Sauerstoff der eingeatmeten Luft in die sie umgebenden Blutgefäße über. Gleichzeitig wird Kohlenstoffdioxid, als Stoffwechselprodukt der Zellatmung, von den Blutgefäßen in die Lunge abgegeben. Das zugrunde liegende physikalische Gesetz für diesen Vorgang ist die Diffusion, ein Vorgang, bei dem die Stoffe mithilfe der brownschen Molekularbewegung Konzentrationsunterschiede ausgleichen. Bei der Ausatmung wird das Kohlenstoffdioxid an die Umgebung abgegeben. Die Atemmuskulatur entspannt sich wieder. Das Lungenvolumen verkleinert sich und die Luft in der Lunge wird durch die Atemwege hinausgedrückt. Das Ausatmen ist eine passive Tätigkeit, die in der Regel keine Anstrengung erfordert.

Die Leber
Die Leber ist mit ca. 1,5 bis 2 kg das größte innere Organ unseres Körpers. Sie liegt hauptsächlich im rechten Oberbauch, direkt unter dem Zwerchfell und ist sehr stark durchblutet. Am Tag fließen etwa 2.000 Liter Blut durch die Leber.

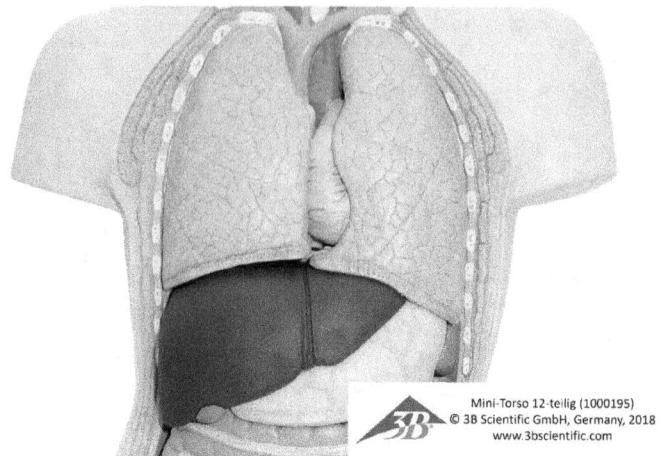

Abbildung 21: Die Leber – Lage im Körper

Aufbau
Eine gesunde Leber ist ein weiches, braunrotes Organ mit einer glatten Oberfläche. Sie besteht aus 2 Leberlappen. Der rechte Leberlappen ist größer als der linke und schmiegt sich dicht an das Zwerchfell an. Außen ist die Leber von Bindegewebe umgeben.

Durch die Leberpforte, die sich an der Unterseite der Leber befindet, führen wichtige Blutgefäße wie die Leberarterie und die Pfortader in die Leber hinein. Gleichzeitig führt an dieser Stelle der Gallengang aus der Leber hinaus. Die Pfortader stellt die Verbindung zu den unteren Bauchorganen (Magen, Dünndarm, Dickdarm, Teile des Mastdarms, Bauchspeicheldrüse, Milz) her.

Funktion
Ihre vielen Funktionen machen die Leber zu einer chemischen Fabrik – sie baut die verschiedensten Stoffe ab und um. Zu ihren wichtigsten Aufgaben gehören die Produktion lebenswichtiger Proteine, die Verwertung von Nahrungsbestandteilen, der Abbau und die Ausscheidung von Stoffwechselprodukten und die Bildung der Gallenflüssigkeit. Der Transport der im Darm erschlossenen Stoffe erfolgt über die Pfortader zur Leber. Nach dem Um- oder Abbau der Stoffe in der Leber gelangen diese später in den Blutkreislauf.

Die Nieren
Der Mensch besitzt zwei Nieren. Sie befinden sich links und rechts der Wirbelsäule unterhalb des Zwerchfells. Eine Niere ist im Durchschnitt 12 cm lang und wiegt ca. 150 Gramm. Auch die Nieren sind stark durchblutete Organe, durch die am Tag etwa 1.500 Liter Blut fließen.

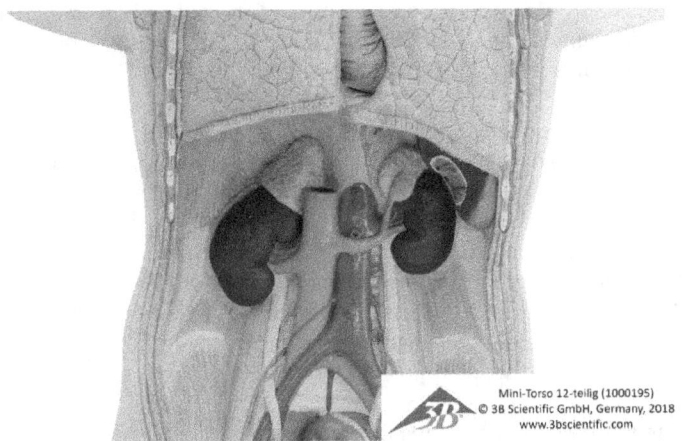

Abbildung 22: Die Nieren – Lage im Körper

Aufbau
Die Nieren sind bohnenförmig und braunrot. In der Regel ist die linke Niere etwas größer und schwerer als die rechte. Die rechte Niere liegt außerdem meist etwas tiefer als die linke, da die darüber liegende Leber den Platz für sich beansprucht. In der Mitte der nach innen gekrümmten Seite der Nieren führen die Nierenarterien in die Nieren. Die Nierenvenen und der Harnleiter verlassen sie an gleicher Stelle. Diese Stelle wird auch als Nierenpforte bezeichnet.

In der Nierenrinde befinden sich die Nierenkörperchen. Sie bestehen aus einer Art Blutgefäß-Knäuel. Durch winzige Poren in ihrer Gefäßwand können sie Abfallstoffe aus dem Blut herausfiltern. Das gereinigte Blut wird wieder in den Blutkreislauf abgegeben. Die gesammelten Schadstoffe werden über ein Harnkanälchen in das Nierenmark und von dort in den

Nierenkelch abgegeben. Die Niere besitzt mehrere Nierenkelche, die sich im Nierenbecken vereinigen. Vom Nierenbecken geht der Harnleiter ab und transportiert den Harn in die Blase.

Funktion
Die Hauptaufgabe der Nieren ist es, giftige Stoffe und Endprodukte des Stoffwechsels aus dem Körper über den Harn zu entfernen. Außerdem regulieren sie den Wasser- und Mineralstoffhaushalt des Körpers. In den Nieren werden wichtige Hormone gebildet, die zum Beispiel den Blutdruck oder die Bildung der roten Blutkörperchen im Rückenmark regulieren.

3.2 Organsysteme des menschlichen Körpers
Um den menschlichen Körper in der Anatomie systematisch beschreiben zu können, werden funktionell zusammengehörige Organe als Organsystem bezeichnet. Bei dieser Einteilung werden in der Regel Überschneidungen und Wechselwirkungen zwischen den Organsystemen nicht berücksichtigt. Oft haben einzelne Organe mehr als eine Funktion und können somit theoretisch auch mehreren Systemen zugeordnet werden. So haben zum Beispiel fast alle Organe Überschneidungen zum Herz-Kreislauf-System.

Man unterscheidet folgende Organsysteme:

- Nervensystem
- Hormonsystem
- Herz-Kreislauf-System
- Atmungssystem
- Verdauungssystem
- Urogenitalsystem
- Stütz- und Bewegungssystem
- Haut
- Immunsystem

<u>Das Nervensystem</u>
Unser Nervensystem steuert alle lebenswichtigen Vorgänge im Körper. Es nimmt über die Sinnesorgane Reize aus der Umwelt auf und reagiert entsprechend darauf. Um die Signalverarbeitung kümmern sich zwischen 30 und 40 Milliarden Nervenzellen, die über die Synapsen miteinander verbunden sind. Die wichtigsten Organe des Nervensystems sind das Gehirn und das Rückenmark.

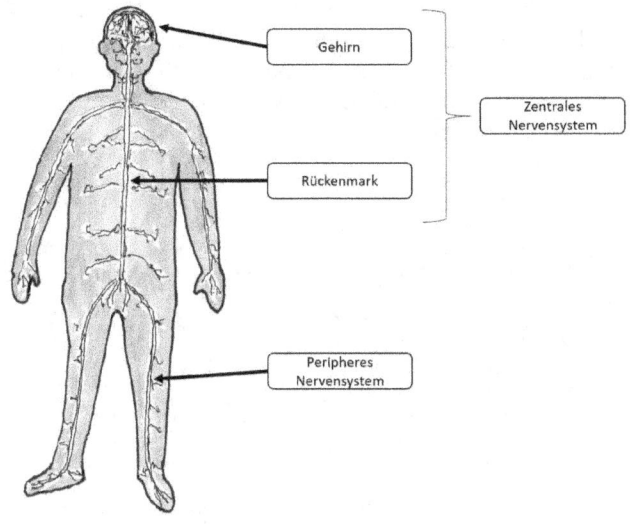

Abbildung 23: Das Nervensystem

Aufbau
Eine Möglichkeit der Systematisierung des Nervensystems ist die Strukturierung nach der Lage der Bestandteile im Körper. Dabei wird zwischen dem zentralen Nervensystem (ZNS) und dem peripheren Nervensystem (PNS) unterschieden. Das zentrale Nervensystem besteht aus dem Rückenmark und dem Gehirn, das periphere Nervensystem aus allen anderen Nervenfasern. Das periphere Nervensystem ist somit die Schnittstelle zwischen Umwelt und zentralem Nervensystem.

Eine weitere Möglichkeit der Systematisierung des Nervensystems ist die Strukturierung nach Funktionen. Hier wird zwischen dem willkürlichen (somatischen) und dem autonomen (vegetativen) Teil des Nervensystems unterschieden. Während das willkürliche Nervensystem durch unseren Willen gesteuert wird, funktioniert das vegetative Nervensystem weitgehend autonom. Es wird nochmals in einen sympathischen (Sympathikus) und einen parasympathischen (Parasympathikus) Teil unterteilt, wobei genau genommen noch das Nervensystem der Organe (enterisches Nervensystem) fehlt, über welches die

Organe ihre Funktionen „auf dem kurzen Dienstweg" selbst regeln. Parasympathikus und Sympathikus haben antagonistische Wirkungen – der Sympathikus sorgt für Anspannung in Gefahrensituationen, Stress und Angst, der Parasympathikus für Entspannung und Ruhe.

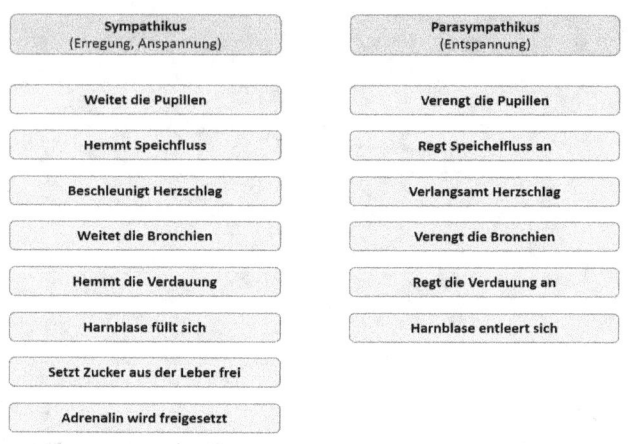

Abbildung 24: Sympathikus vs. Parasympathikus

Da der Mensch auf das korrekte Funktionieren des Nervensystems angewiesen ist, hat unser Körper im Laufe der Evolution effektive Strategien entwickelt, um das Nervensystem zu schützen.

Zum einen geht es um den rein mechanischen Schutz durch die Schädelknochen und die Hirnhäute (Gehirn) bzw. die Wirbelsäule und die Rückenmarkshäute (Rückenmark). Die Zwischenräume zwischen dem Nervensystem und den mechanischen Schutzeinrichtungen sind nicht leer. Sie sind mit einer Flüssigkeit, dem Liquor, gefüllt und puffern so – basierend auf dem physikalischen Gesetz der Trägheit – Stöße und schnelle Bewegungen ab.

Zum anderen geht es um eine physiologische Barriere als Trennung der Flüssigkeitsräume des Blutkreislaufs und des Zentralnervensystems. Diese Barriere wird als Blut-Hirn-Schranke bezeichnet, die das Nervensystem vor im Blut zirkulierenden Krankheitserregern, Toxinen und Botenstoffen schützt. Das Besondere dieser Barriere ist, dass sie trotzdem von benötigten Nährstoffen und entstandenen Stoffwechselprodukten passiert werden kann. Sie funktioniert somit als eine Art selektiver Filter, der einige Stoffe passieren lässt und andere nicht. Genau diese Filterfunktion stellt eine medikamentöse Behandlung von neurologischen Erkrankungen vor so manche Herausforderung.

Funktion
Das Nervensystem selbst besteht aus speziellen Nervenzellen, den Neuronen. Sie sind in der Lage, elektrische Impulse weiterzuleiten. Dabei unterscheidet man zwischen ausgehenden (efferenten) und eingehenden (afferenten) Impulsen. Nervenzellen können entweder nur für eingehende oder nur für ausgehende Impulse zuständig sein. Die Geschwindigkeit der Nervenimpulse beträgt zwischen 0,2 und 120 m/s, was im Fall von 120 m/s ca. 432 km/h bedeutet. Diese Geschwindigkeiten sind um einiges niedriger als die eines elektrischen Signals in einem metallischen Leiter. Das liegt daran, dass die Übertragung des elektrischen Signals von einer Zelle zur anderen mithilfe von Botenstoffen (Transmittern) erfolgt. Erreicht das Signal das Ende der Zelle, wird an dieser Stelle der Botenstoff in einen Spalt zwischen den Zellen ausgeschüttet. Erreicht dieser den spezifischen Rezeptor der benachbarten Nervenzelle, löst er in dieser wiederum ein elektrisches Signal aus.

Erkrankungen und Gefährdungen
Im Rahmen der erweiterten Ersten Hilfe sind nur wenige akute Erkrankungen des Nervensystems relevant. Andere, nicht akute Erkrankungen können sich aber in ihrem Verlauf zu dringlichen Notfällen entwickeln, vor allem wenn sie dem Betroffenen bisher nicht bekannt waren. Da das Nervensystem zentrale Funktionen unseres Körpers steuert, sind die Symptome unabhängig von ihrer zugrunde liegenden Erkrankung sehr ähnlich und lassen auf einen bedrohlichen Zustand des Betroffenen schließen. Alle Erkrankungen des Nervensystems bringen die folgenden Symptome in mehr oder weniger ausgeprägter Form mit sich:

- Ohnmacht (Synkopen)
- Pupillendifferenz (unterschiedlich weite Pupillen der Augen)

- Sehstörungen (z. B. Doppelbilder)
- Lähmungen
- Sprach- und Wortfindungsstörungen
- Zittern oder Krampfanfälle, Taubheitsgefühle
- Kopfschmerzen
- Schwindel und Gleichgewichtsstörungen
- Koordinationsstörungen

Eine akute und häufige auftretende Erkrankung des Nervensystems, speziell des Gehirns, ist der Schlaganfall (Apoplex). Wie der Name schon vermuten lässt, tritt er schlagartig und meist völlig unverhofft in allen Altersgruppen auf. Aus medizinischer Sicht gibt es hauptsächlich zwei Ursachen für einen Schlaganfall. Die am häufigsten vorkommende (ca. 80 % der Fälle) ist eine Minderdurchblutung der Hirngefäße durch Kalkablagerungen oder durch ein Blutgerinnsel. Die andere häufig vorkommende Ursache sind Hirnblutungen, die sich mit einigen seltenen anderen Ursachen die restlichen Fallzahlen der Schlaganfälle teilen. Für den Ersthelfer ist die Ursache jedoch nicht von Bedeutung. Es gilt vor allem, den lebensbedrohlichen Zustand des Betroffenen möglichst frühzeitig zu erkennen und entsprechende Maßnahmen einzuleiten. Nach den aktuellen statistischen Zahlen haben Betroffene relativ gute Rehabilitationschancen (Outcome), wenn sie innerhalb einer Stunde eine auf Schlaganfälle spezialisierte Klinik (Stroke-Unit) erreichen. Man spricht von der „golden hour" – der goldenen Stunde. Aufgrund der Mangeldurchblutung und der dadurch fehlenden Sauerstoffversorgung des Gehirns treten bereits nach ca. 4 Minuten irreparable Schäden an den Nervenzellen auf. Wenn man dann noch die Tatsache berücksichtigt, dass rund 70 % der Betroffenen mit teils massiven Langzeitfolgen leben müssen, wird einem schnell die Bedeutung des Ersthelfers bewusst.

Das Atmungssystem
Menschliche Zellen benötigen Sauerstoff, um zu funktionieren. Im Gegensatz zu anderen Stoffen lässt sich Sauerstoff im Körper nicht speichern. Da unser Atmungssystem die Sauerstoffversorgung des Körpers sicherstellt, muss die Atmung ununterbrochen funktionieren. Tut sie das aus den unterschiedlichsten Gründen nicht, treten in kurzer Zeit (siehe vorhergehender Abschnitt) Schäden an den Zellen auf.

Ein erwachsener Mensch atmet etwa 12- bis 15-mal pro Minute. Dabei atmet er pro Atemzug ca. 500 bis 700 ml Umgebungsluft ein. Somit beträgt sein Atemminutenvolumen ca. 8 Liter (13 × 600 ml = 7.800 ml).

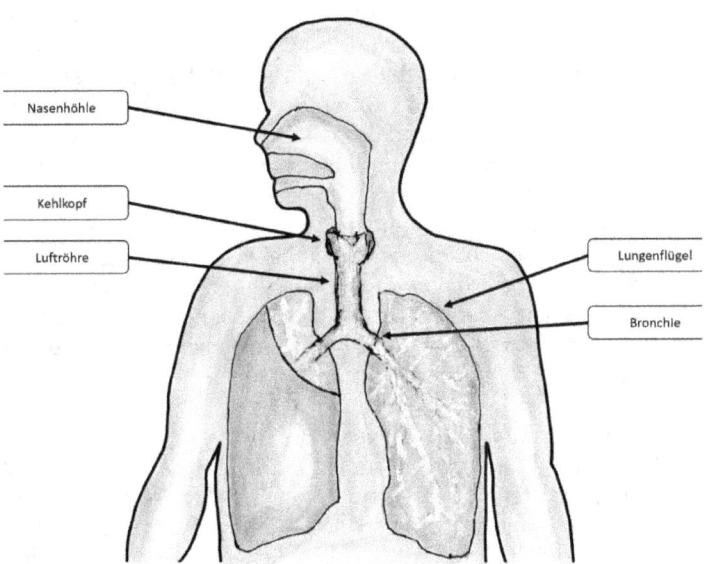

Abbildung 25: Das Atmungssystem

Aufbau
Unser Atmungssystem besteht aus mehreren Organen, die für die Aufnahme von Sauerstoff und die Abgabe von Kohlendioxid verantwortlich sind. Es wird in zwei Teilbereiche unterteilt:

- Die oberen Luftwege, bestehend aus Nasenhöhle, Nasennebenhöhle, Mundhöhle, Rachenraum (Pharynx), Kehlkopf (Larynx)
- Die unteren Luftwege, bestehend aus Luftröhre, Bronchien und Lunge

Funktion
Ein gesunder Mensch atmet hauptsächlich durch die Nase. Sie ist im Inneren mit feinen Flimmerhärchen und einer Schleimhaut

überzogen. Die einströmende Umgebungsluft wird befeuchtet und erwärmt. Eingeatmete Schmutzpartikel, Viren und Bakterien werden durch die Flimmerhärchen wieder nach außen transportiert. Auf dem Weg zur Lunge passiert die Luft den Rachen und den Kehlkopf. Der Kehlkopf öffnet sich während der Atmung und gibt den Weg zur Luftröhre frei. Bei der Aufnahme von Nahrung schließt er sich, damit keine Speisereste in die Atemwege gelangen können. Die Luftröhre bildet die Verbindung zwischen dem Kehlkopf und Bronchien. Damit sie sich bei der Einatmung durch den entstehenden Unterdruck nicht verschließt, wird sie durch Knorpelspangen offen gehalten. Ähnlich wie die Nase ist auch die Luftröhre innen mit einer Schleimhaut und Flimmerhärchen ausgekleidet, um kleine Partikel in den Rachen zurückzubefördern. Am unteren Ende der Luftröhre erreicht die Luft die Bronchien, die sie gleichmäßig in die Lungenlappen verteilen. Auch in den Bronchien findet man Schleimhaut und Flimmerhärchen. Allerdings wird hier der Transport in von Fremdstoffen in die oberen Atemwege durch Abhusten unterstützt.

Erkrankungen und Gefährdungen
Da eine ununterbrochene Sauerstoffversorgung für unsere Existenz unabdingbar ist, stellt jede Art von Funktionsbeeinträchtigungen des Atmungssystems eine ernst zu nehmende Gefahr für die Gesundheit dar. Die Erkrankungen selbst spielen im Rahmen von Notfallsituationen meist keine Rolle, können diese aber durchaus als Ergebnis herbeiführen.

Von einer Verlegung der Atemwege (Obstruktion) spricht man, wenn flüssige oder feste Stoffe in das Atmungssystem eindringen und dieses verschließen. Dabei kann es sich um Mageninhalt, Blut oder sonstige Fremdkörper handeln. Häufig ist die Ursache auch eine Verlegung der Atemwege durch die zurückfallende Zunge des Betroffenen bei Bewusstlosigkeit in Rückenlage. Auch wenn man bei Flüssigkeiten weniger akute Probleme vermuten kann, führen diese häufig im weiteren klinischen Verlauf zu Komplikationen.

Eine weitere und meist spontan auftretende Notfallsituation ist die Lungenembolie. Von einer Lungenembolie spricht man, wenn ein Blutgefäß in der Lunge durch ein Blutgerinnsel verschlossen ist. Ein solches Blutgerinnsel entsteht häufig in den tiefen Bein- oder Beckenvenen und gelangt dann über das Herz zur Lunge. Werden die Gefäße enger, bleibt der Blutpfropfen stecken und verschließt sie. Der Blutstau vor der verschlossenen Stelle führt je nach Lage zu einer Druckerhöhung im Lungenkreislauf und damit zu einer starken Belastung des rechten Herzens, das dadurch ganz oder teilweise versagen kann. Ein weiteres Problem ist, dass durch den Verschluss die Durchflussmenge des Blutes durch die Lunge drastisch reduziert wird. Fließt weniger Blut zur linken Herzhälfte, kann auch nur eine geringere Menge Blut in den Körperkreislauf gelangen. Die Folge der verringerten Fördermenge ist eine stark eingeschränkte Sauerstoffversorgung der Organe. Die Lungenembolie gehört zu den am häufigsten übersehenen und falsch diagnostizierten Todesursachen.

In Stresssituationen, bei Angst oder Panik kann es zur Hyperventilation (übermäßige Belüftung der Lunge) kommen. Neben der stark erhöhten Atemfrequenz ist ein sichtbares Merkmal der Hyperventilation, dass nicht mithilfe des Zwerchfells (Bauchatmung), sondern hauptsächlich mit der Atemhilfsmuskulatur (speziell den Muskeln zwischen den Rippen, Brustatmung) geatmet wird. Normalerweise regt eine steigende CO_2-Konzentration im Blut die Atemtätigkeit an, da unser Körper daraus auf einen niedrigen Sauerstoffpegel schließt. Von Hyperventilation spricht man, wenn dieser normale Regelkreislauf der Atemsteuerung durchbrochen wird und es dadurch zu einer unverhältnismäßig hohen Atemfrequenz und zusätzlich sehr tiefen Atemzügen kommt. Diese Form der Atmung steht dann nicht mehr in einem passenden Verhältnis zu den momentanen Bedürfnissen des Körpers. Da das Blut bereits bei normaler Atmung zu fast 100 Prozent mit Sauerstoff gesättigt ist, bewirkt die Hyperventilation keine – wie meist angenommen – zusätzliche Sauerstoffversorgung des Körpers. Durch die erhöhte Ausatmung wird aber die CO_2-Konzentration im Blut mehr und mehr gesenkt, was weitreichende Konsequenzen hat. Da für die Regulierung des pH-Wertes im Blut ein an die Bedürfnisse des Körpers angepasster CO_2-Gehalt notwendig ist, wird das Blut als Folge basisch (pH-Wert > 7). Die peripheren Gefäße ziehen sich zusammen und obwohl dadurch mehr Blut zum Gehirn gelangt, wird dieses schlechter mit Sauerstoff versorgt, da durch den erhöhten pH-Wert der Sauerstoff schlechter vom Hirngewebe aufgenommen wird. Die Folge sind oft Schwindel- und Krampfanfälle, die in einem Arbeitsumfeld wie der Windenergie zu schweren Folgeverletzungen führen können.

Asthma (Asthma bronchiale, Bronchialasthma) ist eine chronische (lang andauernde), entzündliche Erkrankung der Bronchien mit anfallsweise auftretender Atemnot. Bei einem Anfall schwillt die Schleimhaut der Bronchien an und produziert übermäßig viel zähen Schleim, der den Innendurchmesser der Bronchien verengt. Erkrankte leiden während eines Asthmaanfalls wegen der verengten Atemwege an Atemnot, Husten, pfeifender Atmung (Atemgeräusche vor allem bei der Ausatmung), Kurzatmigkeit und Engegefühl in der Brust. Im beschwerdefreien Intervall haben Asthmatiker keinerlei Symptome. Ein Asthmaanfall kann zu starken Angstgefühlen und Unruhe. Betroffene sind nicht mehr in der Lage, gefahrlos ihre Arbeit zu verrichten.

Das Herz-Kreislauf-System

Das Herz-Kreislauf-System ist unser körpereigenes Versorgungssystem. Es versorgt die anderen Organsysteme und Organe mit Blut und somit mit lebenswichtigen Nährstoffen und Sauerstoff. Gleichzeitig werden Stoffwechselprodukte, wie das bereits erwähnte CO_2, abtransportiert. Das zentrale Organ im Herz-Kreislaufsystem ist das Herz.

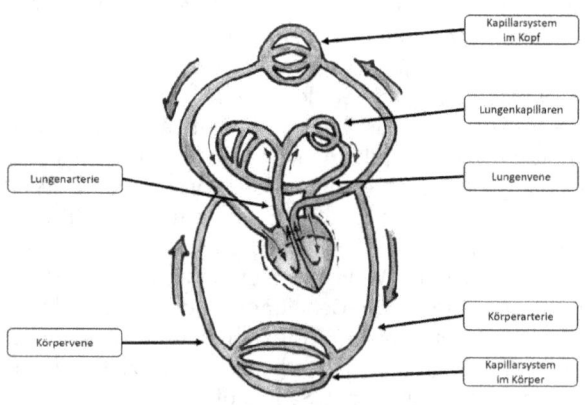

Abbildung 26: Das Kreislaufsystem

Aufbau
Das Herz-Kreislauf-System besteht aus zwei aufeinander folgenden Kreisläufen (Körperkreislauf und Lungenkreislauf), bei denen das Herz als Schnittstelle dient.

Beide Kreisläufe bestehen aus Arterien, Kapillargefäßen und Venen.

Funktion
Arterien leiten, ausgehend von der linken Herzkammer, das sauerstoff- und nährstoffreiche Blut durch unseren Körper. Ihre aus Muskelfasern bestehenden Gefäßwände machen die Arterien elastisch. Sie unterstützen die Pumpstöße des Herzens, indem sie sich bei jedem Herzschlag erweitern und danach wieder zusammenziehen. Über die Arterien wird das Blut bis zu den haarfeinen Kapillargefäßen transportiert. Diese versorgen die Körperzellen mit den für den Stoffwechsel nötigen Stoffen und nehmen die dabei anfallenden Abfallstoffe wieder auf. Sie stellen die Verbindung zwischen Arterien und Venen dar, die dann das sauerstoff- und nährstoffarme Blut wieder zum rechten Vorhof des Herzens zurückführen. Vom rechten Vorhof gelangt das Blut in die rechte Herzkammer und von dort in den Lungenkreislauf. In der Lunge findet der Gasaustausch statt und sauerstoffreiches Blut gelangt von der Lunge in den linken Vorhof und von dort wieder in die linke Herzkammer. Dann beginnt der Kreislauf von vorn.

Durch ihre hohe Dehnbarkeit erfüllen die Venen neben der eigentlichen Transportfunktion im Herz-Kreislauf-System auch eine Speicherfunktion. Sie speichern einen Großteil (ca. 80 %) der im Körper verfügbaren Blutmenge und stellen bei Bedarf dem Körper schnell Blut zur Verfügung. Dies Funktion spielt auch bei der Regulierung unseres Wärmehaushalts eine wichtige Rolle.

Unsere aufrechte Körperhaltung setzt in den Venen einen zusätzlichen Mechanismus voraus, der das Blut aus den Beinen entgegen der Schwerkraft wieder nach oben zum Herz transportiert. Dieser Mechanismus wird als Muskelpumpe bezeichnet. Beim Gehen oder Stehen (zum Halten des Gleichgewichts) werden unsere Wadenmuskeln immer wieder angespannt und entspannt. Diese

Muskelbewegungen pressen das Blut in den Venen Richtung Herz. Damit das Blut nicht wieder nach unten laufen kann, besitzen die Venen in unterschiedlichen Abständen Klappen, die das Blut nur nach oben fließen lassen (Ventilwirkung). Diese Venenklappen öffnen sich, wenn die Muskeln das Blut entgegen der Schwerkraft drücken, und schließen sofort wieder, um den Rückfluss zu verhindern.

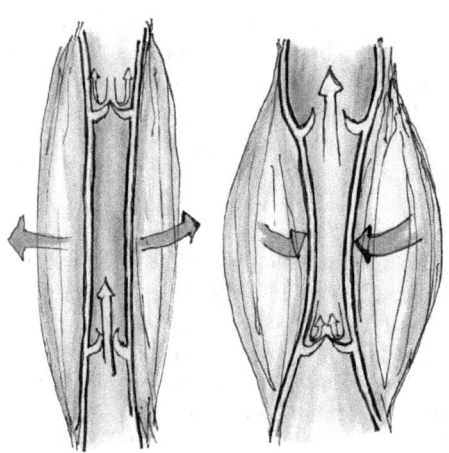

Abbildung 27: Funktion der Muskelpumpe

Erkrankungen und Gefährdungen
Ein Ausfall des Herz-Kreislauf-Systems bedeutet das Ende der Blutzirkulation und somit auch das Ende der Versorgung der Körperzellen mit Sauerstoff und Nährstoffen sowie des Abtransports der Stoffwechselprodukte. Etwa 10 bis 15 Sekunden nach dem Ausfall des Herz-Kreislauf-Systems wird der Betroffene bewusstlos, nach 30 bis 60 Sekunden kommt es dann zum Atemstillstand. Ohne Blutzirkulation tritt unweigerlich der Tod ein. Je nach Ursache und Umständen des Kreislaufstillstands sowie der vergangenen Zeit bis zum Beginn der Herz-Lungen-Wiederbelebung ist dieser Zustand allerdings potenziell reversibel.

Bei erwachsenen Menschen ist der Ausfall des Herz-Kreislauf-Systems meistens auf Funktionsstörungen (Herzinfarkt,

Herzrhythmusstörungen, plötzlicher Herztod) des Herzens zurückzuführen, wobei jeder Herzstillstand zwangsläufig zum Kreislaufstillstand führt. Weitere Ursachen können eine Vielzahl von bisher nicht be- oder erkannten Erkrankungen (Lungenerkrankungen, Erkrankungen des Gehirns oder Lungenembolien) sein, wobei im Arbeitsumfeld nur deren akute Symptome – oft im Rahmen körperlicher Belastung – relevant sind.

Die Hauptursache für einen Herzinfarkt ist die Verkalkung der Gefäßwände (Arteriosklerose) der Versorgungsgefäße des Herzens. Diese Verkalkung wird auch als koronare Herzkrankheit bezeichnet, bei der sich über die Jahre an den Gefäßinnenwänden Fett- und Kalkablagerungen absetzen. Diese führen zu einer Verengung der Gefäße und damit zu einer Mangelversorgung des Herzmuskelgewebes. Das dabei auftretendende anfallsartige Engegefühl in der Brust wird Angina pectoris genannt. Die weiteren Symptome sind die eines Herzinfarkts, der allerdings durch einen akuten Verschluss eines Gefäßes entsteht. Die erwähnten Ablagerungen sind von einer dünnen Haut umgeben. Wenn diese einreißt, gerinnt das vorbeifließende Blut wie an einer Wunde auf der Haut und bildet ein Blutgerinnsel (Thrombus). Ist dieses groß genug, verschließt es das Gefäß vollständig. Der betroffene Teil des Herzmuskels wird nicht mehr mit Blut versorgt. Dies führt unweigerlich zum Absterben der Muskelzellen (zwei bis vier Stunden). Das Herz kann seine Funktion nichtaufrecht erhalten. Es spielt außerdem eine Rolle, wo am Herzen dieser Verschluss stattfindet. Ist ein größeres Gefäß verschlossen, wird ein größeres Areal nicht mehr versorgt und droht abzusterben. Auch bei rechtzeitiger medizinischer Versorgung bilden die abgestorbenen Muskelzellen Narbengewebe, das die Funktion des Herzens beeinträchtigt.

Eine große Gefährdung des Herz-Kreislauf-Systems stellen starke Blutungen im Rahmen eines Unfallgeschehens dar. Ein massiver Blutverlust ist für den Körper nicht kompensierbar. Selbst professionelle Rettungskräfte haben vor Ort nur sehr begrenzte Möglichkeiten, den Auswirkungen des Blutverlusts entgegenzuwirken. Blut ist wegen seiner speziellen Eigenschaften nur durch Blut zu ersetzen. Diese Möglichkeit besteht erst nach Bestimmung der Blutmerkmale im Krankenhaus. Im Allgemeinen wird ein Verlust von einem Drittel des zirkulierenden Blutes als vital bedrohlich und ein Verlust von zwei Dritteln als tödlich angesehen. Betroffene sind verwirrt, schwindelig und verlieren schließlich das Bewusstsein. Die Folge des hohen Blutverlusts ist der Zusammenbruch des Blutkreislaufs. Aus diesem Grund ist eine möglichst frühzeitige und wirkungsvolle Blutstillung bei äußeren Blutungen überlebenswichtig für den Betroffenen – unabhängig von allen anderen eventuellen Verletzungen. Eine Blutstillung bei inneren Blutungen (Verletzungen der inneren Organe) ist in Notfallsituationen in der Regel nicht möglich. Hier helfen nur schnelles Erkennen der Problematik und konsequentes Handeln der Ersthelfer, denn effektive Hilfe für den Betroffenen ist nur im Operationssaal möglich. Die Statistiken zeigen leider, dass die inneren und die kombinierten (innere und äußere) Blutungen deutlich häufiger sind als äußere Blutungen.

Erkrankungen und Gefährdung anderer lebenswichtiger Organe
Lebenswichtige innere Organe haben alle gemeinsam, dass sie sehr gut durchblutet sind und bei einer Verletzung (z. B. Riss durch äußere Gewalteinwirkung, Platzen von Geschwüren) sehr viel Blut in das Innere des Körpers freisetzen. Erkrankungen spielen in Notfallsituationen meist nur in ihrer akuten Endphase eine Rolle und erfordern alle einen unverzüglichen Transport in ein Krankenhaus.

Erkrankungen der Leber
Von einem akuten Leberversagen spricht man immer dann, wenn bei dem Betroffenen im Vorfeld keine Erkrankung der Leber bekannt war. Ursache ist in der Regel eine Infektion der Leber oder eine Schädigung der Leber durch die bewusste oder unbewusste Aufnahme einer Überdosis an Medikamenten, Drogen oder sonstigen Chemikalien. Der Betroffene bekommt relativ schnell das typisch gelbe Aussehen bei Lebererkrankungen (Gelbsucht) und wird schläfrig bis hin zur Bewusstlosigkeit. Eine schnelle Behandlung im Krankenhaus ist in diesem Fall angezeigt.

Erkrankungen der Nieren
Auch bei den Nieren spricht man von einem akuten Versagen, wenn bei dem Betroffenen die Nieren ohne bekannte Vorerkrankungen ihre Funktion einstellen. Gründe für ein akutes Nierenversagen können Vergiftungen durch nierenschädliche Stoffe (zum Beispiel Überdosierung spezieller Antibiotika) oder

Saustoffmangel, verursacht durch vorhergehende massive Mangelversorgung mit Blut (z. B. Volumenmangelschock), sein.

Lagern sich Substanzen, die normalerweise im Harn gelöst sind, in den Nieren ab, können diese auskristallisieren und Nierensteine bilden. Wenn diese Steine in den Harnleiter wandern, können sie diesen verstopfen und somit zur Stauung der betroffenen Niere führen. Wird diese Stauung nicht beseitigt, kann die betroffene Niere geschädigt werden. Außerdem versucht der Harnleiter durch krampfartige Muskelkontraktionen den Verschluss selbst zu beseitigen, was wiederum bei dem Betroffenen zu sehr starken, wellenförmigen Schmerzen in der Flanke (Nierenkolik) führt. Diese Schmerzen sind in der Regel so massiv, dass der Betroffene dringend medizinische Hilfe erbittet. Typisch für Nierenkoliken ist allerdings auch, dass es im Verlauf immer wieder zu beschwerdefreien Intervallen kommt.

3.3 Symptome/Wirkung von leichten u. schweren Verletzungen

Bei allen Verletzungen kommt es darauf an, diese überhaupt als solche zu erkennen, die Symptome richtig zu beurteilen und adäquat zu handeln. Bei inneren Verletzungen lässt häufig äußerlich kaum etwas auf eine möglicherweise lebensbedrohliche Situation schließen, bis auf den Zustand und die Angaben des Betroffenen. Andererseits neigen Ersthelfer schnell dazu, eventuelle Bagatellverletzungen als Notfall einzustufen, da auch diese ein durchaus dramatisches optisches Erscheinungsbild aufweisen können. Dem Ersthelfer muss jederzeit bewusst sein, dass auch leichte Verletzungen oder deren Folgen (z. B. Ohnmacht infolge von Schmerzen oder psychischer Belastung) im zeitlichen Verlauf zu einer Notfallsituation führen können.

Nervensystem

Bei allen Verletzungen des Gehirns und des Schädels spricht man von einem Schädel-Hirn-Trauma. Die Ursachen liegen immer in einer äußeren Einwirkung auf den Kopf – verursacht durch Stürze, Anstoßen oder herabfallende Gegenstände.

Bei einem Schädel-Hirn-Trauma wird zwischen einem offenen und einem geschlossenen Trauma unterschieden. Auch ohne offensichtliche äußere Verletzung des Schädels (geschlossenes Schädel-Hirn-Trauma) können erhebliche Verletzungen des

Gehirns vorliegen. Wie bereits beschrieben, ist das Gehirn gut geschützt in der Hirnflüssigkeit schwimmend gelagert. Durch die äußere Gewalteinwirkung, beispielsweise durch einen Sturz, stößt das Gehirn gegen die innere Schädelwand und reagiert darauf mit einer vorübergehenden Funktionsstörung – schlimmstenfalls ausgelöst durch Schwellungen oder Blutungen. Kurzzeitige Bewusstlosigkeit, Übelkeit und Erbrechen sind übliche Symptome. Die leichteste Form eines geschlossenen Schädel-Hirn-Traumas ist die Gehirnerschütterung. Halten diese Symptome länger an oder kommen weitere Symptome wie eine Pupillendifferenz (unterschiedlich große linke und rechte Pupille) hinzu, darf man nicht von einer leichten Verletzung ausgehen und muss unbedingt medizinischen Rat hinzuziehen. Stellen sich dann schwerwiegendere Verletzungen heraus, ist die Zeit bis zur Behandlung ein wichtiger Faktor für die spätere, möglichst vollständige Genesung.

Kennzeichen des offenen Schädel-Hirn-Traumas sind offensichtliche Verletzungen der Kopfhaut, der Schädelknochen und der harten Hirnhaut. Das Gehirn liegt somit offen und hat eine Verbindung zur Umwelt. Eine solche Verletzung ist durch Austritt von Hirnflüssigkeit, Blut und/oder Gehirnmasse gekennzeichnet.

Der Schädelbasisbruch, der Bruch der knöchernen Strukturen, auf denen das Gehirn liegt (Schädelgrube), ist häufig eine zusätzliche Folge des Schädel-Hirn-Traumas. Hierbei entsteht eine Verbindung zur Außenwelt häufig über die Nasennebenhöhlen bzw. über das Ohr. Neben der eigentlichen Gefahr, der Verletzung der Gehirnmasse, besteht zusätzlich ein hohes Risiko für Entzündungen und Eiteransammlungen. Häufige Symptome des Schädelbasisbruchs sind Einblutungen (Hämatome) in die Augenhöhlen (Brillen- oder Monokelhämatom) und hinter den Ohren. Aus der Nase oder dem Ohr kann Blut oder Hirnflüssigkeit (meist vermischt) austreten. Alle vorgenannten Verletzungen werden durch die unterschiedlichsten Bewusstseins-, Funktions- und Wahrnehmungsstörungen begleitet und gebieten zügiges und professionelles Handeln durch den Ersthelfer.

Verletzungen des in der Wirbelsäule befindlichen Teils des Nervensystems, des Rückenmarks, sind im Rahmen von Unfällen und den daraus resultierenden Wirbelsäulenverletzungen keine Seltenheit. Verletzungen des Rückenmarks haben zur Folge, dass

Nervenimpulse vom Rückenmark nicht weitergeleitet werden können. Betroffene verlieren unterhalb der verletzten Stelle jegliche Kontrolle über ihre Muskeln. Eine vollständige Durchtrennung des Rückenmarks führt zwangsläufig zu einem dauerhaften Funktionsverlust. Andere Verletzungen können zu zeitweiligen Funktionsverlusten führen, die Tage, Wochen oder Monate anhalten können.

Eine Gefahr für das gesamte Nervensystem sind Nervengifte (Neurotoxine). Sie schädigen bereits in einer geringen Dosis die Nervenzellen. Die meisten Nervengifte sind natürlich vorkommende Gifte, die von Lebewesen produziert werden. Im beruflichen Umfeld sind aber vermutlich als Nervengift wirkende chemische Elemente wie Blei, Kadmium, Quecksilber und Thallium eher anzutreffen. Die Aufnahme der Stoffe kann durch Einatmen, Verschlucken oder über die Haut erfolgen. Alle Nervengifte haben gemeinsam, dass sie in kurzer Zeit zu schweren systematischen Symptomen und im zeitlichen Verlauf häufig zum Tod führen. Häufige Symptome bei einer Vergiftung mit einem Nervengift sind starke Muskelkrämpfe, Krampfanfälle, Zittern, Zucken der Muskulatur, Kopfschmerzen, Augenschmerzen, Übelkeit, Müdigkeit, Angstzustände, Verwirrtheit, Spannungen, Erbrechen und Durchfälle, unkontrollierter Harn- und Stuhlabgang, Atemnot, Appetitlosigkeit, Bewusstlosigkeit und Atemlähmung.

Atmungssystem
Verletzungen des Atmungssystems sind potenziell lebensbedrohlich. Sofern der Betroffene noch bei Bewusstsein ist, sind die Symptome bei allen Störungen des Atmungssystems ähnlich bis identisch. Klassische Symptome sind Husten, Atemgeräusche, Schwindel, Herzrasen, Angst, Schmerzen im Brustraum und mit zunehmender Dauer eine bläulich rote Verfärbung der Haut.

Die häufigste Gefährdung des Atmungssystems ist das Verschlucken von Fremdkörpern. Der Körper reagiert reflexartig mit einem heftigen Hustenreiz auf den Fremdkörper. Normalerweise stellt diese Reaktion eine erfolgreiche Strategie gegen einen Verschluss der Atemwege dar. Ist sie das nicht, droht Erstickungsgefahr und in der Folge Herz-Kreislauf-Stillstand. Letzteres gilt auch für Insektenstiche in Mund, Rachen oder Zunge. Die Schleimhäute können durch die Immunreaktion so stark anschwellen, dass sie die Atemwege komplett verschließen. Je nach Art und Lage des Fremdkörpers besteht durchaus die Möglichkeit, dass der Ersthelfer mit geeigneten Erste-Hilfe-Maßnahmen das Problem ohne medizinische Fachpersonal löst. Bei Insektenstichen ist indes davon auszugehen, dass in jedem Fall professionelle medizinische Hilfe nötig ist.

Werden ätzende, giftige, heiße oder tiefkalte Gase oder Aerosole eingeatmet, kommt es zum Inhalationstrauma. Dabei können die Atemwege so stark geschädigt werden, dass eine Funktion des Atmungssystems nicht mehr gegeben ist. Je nach Ursache werden drei Formen des Inhalationstraumas unterschieden.

Thermisches Inhalationstrauma: Von einem thermischen Inhalationstrauma spricht man, wenn heiße oder sehr kalte Gase eingeatmet werden. Bei kalten Gasen können schwere Erfrierungsschäden die Funktion des Atmungssystems beeinträchtigen bzw. der Betroffene kann aufgrund eines Verschlusses der Atemwege durch einen Stimmritzenkrampf ersticken. Werden heiße Gase, wie sie zum Beispiel bei jedem Brand entstehen, eingeatmet, kommt es zu Verbrennungen in den oberen Bereichen der Atemwege. Die unteren Atemwege sind meist nicht betroffen, da sich die Gase auf ihrem Weg schnell abkühlen. Typische begleitende Verletzungen für die Inhalation von heißen Gasen sind Verbrennungen und Ruß im Gesicht. Die Verbrennungen im Innern der Atemwege können bis zu 48 Stunden nach dem Unfallgeschehen zu ausgeprägten Brandblasen (Ödemen) führen und die Atemwege verschließen.

Chemisches Inhalationstrauma: Ursächlich für ein chemisches Inhalationstrauma ist das Einatmen von gasförmigen chemischen Verbindungen, die z. B. bei der Verbrennung von Kunststoffen oder Chemikalien entstehen. Nicht immer werden diese Gase vor dem Erreichen der schädlichen Konzentration durch den Geruch oder die einsetzende Reizwirkung wahrgenommen und werden dann unbemerkt aufgenommen. Auf den Schleimhäuten kann sich bei einem chemischen Inhalationstrauma ein ätzender Flüssigkeitsfilm bilden, der je nach Konzentration und Einwirkdauer der Chemikalien zu langsam fortschreitenden Gewebeschäden führen kann. Die Schäden befinden sich meist in den unteren Atemwegen.

Toxisches Inhalationstrauma: Genau genommen ist das toxische Inhalationstrauma aufgrund der gleichen Ursache eine Sonderform des chemischen Inhalationstraumas. Spielte bei letztgenanntem die lokale Wirkung an den Atemwegen die wesentliche Rolle, kommt es beim toxischen Inhalationstrauma zu einer systemischen, die unterschiedlichsten Organsysteme des Körpers betreffenden Wirkung der eingeatmeten Gase. Das wichtigste Beispiel ist die Vergiftung mit Kohlenmonoxid oder Cyanwasserstoff im Zusammenhang mit Bränden, da beide Gase in hoher Konzentration im Brandrauch enthalten sind.

Bei Verdacht auf toxische Gase müssen die Ersthelfer im Rahmen der Rettung und Erstversorgung besonders auf ihren Eigenschutz achten. So kann bei der Mund-zu-Mund-Beatmung sogar die Ausatemluft des Betroffenen eine Gefahr für den Helfer darstellen.

Im Zusammenhang mit Taucharbeiten kann es durch Fehlverhalten des Tauchers beim Auftauchen zu einer Überdehnung der Lunge kommen, wobei neben der Lunge genau genommen alle luftgefüllten Körperhöhlen von dieser Barotrauma genannten Verletzung betroffen sein können. Ursache ist immer die Änderung des Umgebungsdrucks, der sich während des Auftauchvorgangs reduziert. Dadurch dehnt sich der Rauminhalt der Lunge entsprechend aus. Wird diesem Effekt nicht durch ständige Ausatmung (z. B. in Schocksituationen)entgegengewirkt, kommt es zur Überdehnung der Lunge. Ist die maximale elastische Kapazität der Lunge bzw. des Lungenfells erreicht, kommt es zu einem Lungenriss. Leichte Überdehnungen der Lunge bleiben meist folgenlos. Eine Überdehnung bis hin zum Lungenriss wird spätestens dann lebensbedrohlich, wenn durch den Riss eine Verbindung von der Lunge zum Gefäßsystem entsteht. Dringt Luft in unseren Blutkreislauf ein, kann diese Gasblase Gefäße verschließen und je nach Lage des Verschluss entsprechende Folgen verursachen (z. B. Schlaganfall, Lungenembolie). Außerdem würde sich auch diese Gasblase beim Abnehmen des Umgebungsdrucks weiter ausdehnen und somit auch größere Gefäße von der Blutversorgung abschneiden. Betroffenen Personen hilft in der Regel nur die Behandlung in einer Druckkammer, in welcher der ursprüngliche Umgebungsdruck wiederhergestellt wird.

Bei stumpfer mechanischer Gewalteinwirkung auf den Brustkorb sind vorrangig die Haut, die Muskulatur und die knöchernen Strukturen (Rippen, Brustbein, Brustwirbelsäule) betroffen. Die Folgen einer solchen Gewalteinwirkung können von einfachen Prellungen mit Blutergüssen bis hin zur Verletzung der inneren Organe des Brustkorbes (vornehmlich Lunge und Herz) durch Quetschung oder Eindringen von scharfkantigen Knochenteilen reichen. Eine Sonderform der Brustkorbverletzungen stellen sogenannte Pfählungsverletzungen – das Eindringen von Fremdkörpern von außen – dar. Auch hierbei werden in der Regel innere Strukturen durchtrennt oder Organe in der Brust verletzt. Ziehen die Verletzungen des Brustkorbs innere Verletzungen nach sich, ist neben dem Herz häufig das Atmungssystem betroffen. Bei Verletzungen der Lunge oder beim Eindringen von Fremdkörpern von außen in den Brustkorb dringt Luft in den Pleuraspalt ein. Die bereits beschriebenen Mechanismen der Adhäsion funktionieren unter diesen Umständen nicht mehr und die Atmung ist stark behindert. Zusätzlich kann es dann noch zu starken inneren Blutungen oder bei äußeren Verletzungen zu einer Art Ventilwirkung kommen: Luft gelangt durch Atembewegung über den Verletzungskanal in den Pleuraspalt und kann nicht wieder entweichen. Beides behindert mit fortschreitender Zeit die Ausdehnung des betroffenen Lungenflügels. Wenn der linke Lungenflügel betroffen ist, wird auch das Herz – sofern es nicht selbst verletzt wurde – in seiner Funktion stark beeinträchtigt und kann diese im weiteren Verlauf ganz einstellen. Für den Ersthelfer ist es wichtig, die Schwere der Situation richtig einzuschätzen und für das möglichst schnelle Eintreffen der professionellen Rettungskräfte zu sorgen.

Herz-Kreislauf-System
Kleine Schürf- und Schnittwunden kommen im Arbeitsalltag relativ häufig vor. Für das Herz-Kreislauf-System stellen diese in der Regel keine reale Gefährdung dar – solange es sich tatsächlich um kleine Verletzungen handelt. Die Menge des Blutverlusts ist je nach benetzter Fläche schwer zu beurteilen. Eine stark poröse Oberfläche lässt den Blutverlust oft wesentlich geringer erscheinen, als er tatsächlich ist. Für glatte Oberflächen gilt genau das Gegenteil, da das Blut eben nicht versickern kann.

Sobald sich ins Gewebe eingedrungene Fremdkörper aus der Wunde nicht rückstandsfrei und sauber entfernen lassen, es sich um tiefe Stichverletzungen handelt, Gliedmaßen sich taub anfühlen oder die Haut mangels Durchblutung weiß wird, ist eine weitere medizinische Behandlung unumgänglich.

Eine ebenfalls leicht handhabbare Verletzung ist das Nasenbluten. Die Ursachen können unterschiedlichster Natur sein und die Blutungen sind normalweise mit nach vorn hängendem Kopf und einem kalten Tuch oder Kühl-Pack im Nacken leicht zu stoppen. Wichtig ist zu verhindern, dass Blut in den Rachen und von dort in den Magen läuft, da das zu Übelkeit und Erbrechen führen kann. Lassen sich Blutungen aus der Nase nicht stoppen, muss professionelle Hilfe angefragt werden.

Ein wesentlich höheres Gefährdungspotenzial geht von äußeren und inneren stark blutenden Wunden aus. Wie bereits erwähnt, kann der Körper nur ein gewisses Maß an Blutverlust kompensieren. Um die weitere Versorgung der lebenswichtigen Organe (Gehirn, Herz, Lunge und Nieren) sicherzustellen, ergreift er Gegenmaßnahmen, um der verschlechterten Durchblutung entgegenzuwirken. Neben der Erhöhung der Herzfrequenz werden periphere Gefäße (Haut, Extremitäten) eng gestellt, damit dort weniger Blut erforderlich ist. Symptome für einen großen Blutverlust sind:

- Zunehmende Erhöhung der Pulsfrequenz, meist über 100 Schläge pro Minute
- Sinkender Blutdruck (der Puls wird fühlbar schwächer)
- Feucht-kühle, blasse Haut, der Betroffene friert
- Der Betroffene ist anfangs meist unruhig und hat Angst, wird jedoch zunehmend ruhiger und apathischer bis hin zur Bewusstlosigkeit
- Bei inneren Blutungen „brettharter" Bauch

Die Folge eines anhaltenden Blutmangels und der damit verbundenen Mangeldurchblutung ist das Versagen der inneren Organe. Selbst wenn der Blutverlust rechtzeitig gestoppt werden kann, ist auch noch Stunden danach mit durchaus dramatischen Folgen zu rechnen. Daher bedarf es in jedem Fall weiterführender medizinischen Versorgung. Die Aufgabe des Ersthelfers ist die möglichst frühzeitige Blutstillung, was in der Regel nur bei äußeren

Verletzungen möglich ist. Innere Blutungen müssen überhaupt erst einmal erkannt werden. Ursächlich für innere Blutungen können Brüche des Beckenknochens, das Platzen von Geschwüren oder großen Blutgefäßen und innere Verletzungen infolge von äußerer Gewalteinwirkung sein. Eine besonders aussichtslose innere Verletzung ist z. B. der Abriss der Hauptschlagader (Aorta) vom Herzen, was innerhalb von Minuten zum inneren Verbluten des Betroffenen führt.

Es gibt unzählige Erkrankungen, die eine Bedrohung des Herz-Kreislauf-Systems darstellen. Allerdings zeigen diese in ihrer akuten Form letztlich die gleichen, oben genannten Symptome.

Andere Organsysteme und Organe
Eine spezielle Verletzung des Ohrs ist der Riss des Trommelfells. Ursache dafür können direkte Gewalteinwirkung durch spitze oder stumpfe Gegenstände, Verbrennungen und Verätzungen oder starke Veränderungen des Umgebungsdrucks (z. B. beim Tauchen) sein. Typische Symptome einer Trommelfellverletzung sind stechende Schmerzen im Ohr, plötzliche Schwerhörigkeit und manchmal leichte Blutungen aus dem Gehörgang. Wenn das Mittel-/Innenohr in Mitleidenschaft gezogen ist, werden diese Symptome von Schwindel und Übelkeit begleitet. Verletzungen des Trommelfells sind unangenehm für den Betroffenen, heilen aber meist problemlos ab und sind nicht lebensbedrohlich. Wenn das Innen- bzw. Mittelohr durch die Verletzung mit betroffen ist, kann allerdings dauerhafter Hörverlust die Folge sein.

3.4 Persönliche Hygiene für Ersthelfer
Beim direkten Kontakt mit Blut oder anderen Körperflüssigkeiten besteht für den Ersthelfer immer die Gefahr einer Infektion mit ansteckenden Krankheiten (z. B. HIV, Hepatitis). Diese Gefahr kann durch nachfolgende Schutzmaßnahmen und Verhaltensregeln auf ein nicht mehr relevantes Risiko reduziert werden und stellt somit keinen Grund dar, Erste-Hilfe-Maßnahmen zu unterlassen.

- Vermeiden des unmittelbaren Kontakts mit dem Blut oder anderen Körperflüssigkeiten (auch an Gegenständen, die mit dem Blut des Betroffenen kontaminiert sind, wie blutverschmierten Werkzeugen oder medizinischen Instrumenten). Das gilt nicht nur für die Hände, sondern für alle Körperstellen des Ersthelfers.

- Tragen von Einmalhandschuhen, vor allem wenn der Ersthelfer selbst Verletzungen an den Händen hat.
- Nutzung von Beatmungshilfen (Beatmungstuch oder -beutel), soweit sofort verfügbar, ansonsten Mund-zu-Nase-Beatmung oder bei schweren Gesichtsverletzungen Konzentration auf die Herzdruckmassage.

Sollte es trotz der oben aufgeführten Maßnahmen zu einem Kontakt mit Blut oder anderen Körperflüssigkeiten gekommen sein, müssen die betroffenen Hautpartien intensiv mit Wasser und Seife gereinigt und im Anschluss desinfiziert werden. Wenn der Kontakt über geschädigte Haut, Augen oder Mundhöhle des Ersthelfers stattgefunden hat, ist eine nachfolgende Vorstellung beim Arzt notwendig, da einige eventuell notwendige Impfungen oder Behandlungsmaßnahmen unmittelbar nach der Kontamination erfolgen müssen. Gleiches gilt für Schnitt- oder Stichverletzungen mit kontaminierten Gegenständen. Hier sollte zusätzlich unmittelbar nach der Verletzung versucht werden, durch Druck auf das umliegende Gewebe die Blutung für 1 bis 2 Minuten anzuregen, um eventuelle Krankheitserreger auszuspülen. Jeder ungeschützte Kontakt mit Blut oder Körperflüssigkeiten des Betroffenen ist im Rahmen der Dokumentation der Erste-Hilfe-Leistungen schriftlich festzuhalten. Nur so ist eine spätere Kostenübernahme durch die Berufsgenossenschaft gesichert.

4 Notfallorganisation, Notfallmaßnahmen, Telekonsultation

Eine funktionierende Notfallorganisation ist nur gewährleistet, wenn alle Teile der Rettungskette als Ganzes und im Rahmen eines wirksamen Notfallkonzepts zusammenarbeiten. Für den nach dem GWO Enhanced First Aid Standard ausgebildeten Ersthelfer ist vor allem das Verständnis wichtig, dass seine Leistung die Grundlage für alle folgenden Maßnahmen darstellt und diese darauf aufbauen. Gerade an abgelegenen Arbeitsplätzen ist der Ersthelfer aufgrund der verlängerten Hilfsfristen und der damit verbundenen Wartezeit bis zum Eintreffen professioneller Rettungskräfte besonders gefordert. Zu seinen Aufgaben gehören z. B.:

- Eigenschutz aller Beteiligten beachten
- Psychologische Betreuung der/des Betroffenen
- Realistische Beurteilung und Erkennen der Situation
- Kenntnisse über den Transport des Verletzten aus dem Gefahrenbereich
- Kenntnisse über die Arbeitsweise der Rettungskräfte
- Unterstützung der Rettungskräfte
- Nutzung der medizinischen Telekonsultation während der Erste-Hilfe-Maßnahmen

4.1 Eigenschutz und Eigensicherung der Ersthelfer
Ersthelfer mit weiterführender Ausbildung sollen bis zum Eintreffen der Rettungskräfte in Notfallsituationen alle am Geschehen beteiligten Hilfeleistenden führen. Sie tragen eine besondere organisatorische Verantwortung und ihr professionelles Handeln ist Motivation und Vorbild für alle Mitglieder der Gruppe. Erfolg ist eine Teamleistung – das gilt auch für Notfallsituationen. Deshalb ist es auch wichtig, bereits vor Antritt der Tätigkeiten eventuell vorhandene Gefährdungen zu beurteilen (Gefährdungsbeurteilung) und die notwendige Anzahl der Teammitglieder festzulegen, die mindestens für die Bewältigung der möglichen Notfälle notwendig sind. Dabei ist vor allem die an abgelegenen Arbeitsplätzen oft wesentlich längere Zeit bis zum Eintreffen der professionellen Rettungskräfte (Hilfsfrist) zu beachten. Für die Ersthelfer stellt jede Minute, in der sie einen eventuell schwer verletzten Patienten alleine versorgen müssen, eine extreme psychische Belastung dar. Hinzu kommt auch noch die psychologische Betreuung des Betroffenen. Gerade vor dem Hintergrund der verlängerten Hilfsfristen ist das

ein wichtiger, aber oft vergessener Punkt in der Ersten Hilfe, um während der Wartezeit auf die Rettungskräfte die Situation nicht durch psychische Probleme zusätzlich eskalieren zu lassen. Positive und beruhigende Worte können oft Wunder bewirken.

Im Jahr 2016 wurden 781.050 Arbeitsunfälle in Deutschland gemeldet (Quelle: DGUV Arbeitsunfallgeschehen 2016), 240 davon mit tödlichem Ausgang. Besonders die Branchen, die mit Montagen und Baugeschehen zu tun haben, sind von Arbeitsunfällen betroffen. Bagatellunfälle sind in den genannten Zahlen nicht inbegriffen, d. h. die Dunkelziffer macht die Zahl der Unfälle, die sich auf der Arbeit ereignen, ist noch größer. Diese Menge an Unfällen lässt sich jedoch mit geeigneten Maßnahmen verringern – viele davon sind leicht umzusetzen und trotzdem wirkungsvoll.

Bevor man über die Vermeidung von Arbeitsunfällen nachdenkt, muss der Begriff Arbeitsunfall definiert werden. Nach dem Wortlaut des SGB VII § 8 Abs. 1 ist ein Arbeitsunfall ein von außen wirkendes Ereignis, das zu Gesundheitsschäden oder im schlimmsten Fall zum Tod führt und während der versicherungspflichtigen Tätigkeit auftritt. Unter der versicherungspflichtigen Tätigkeit versteht man neben der eigentlichen Arbeit auch den Weg von der Haustür zur Arbeit und zurück. Zur Tätigkeit passende persönliche Schutzausrüstung und trainierte Verhaltensweisen verringern in einem hohen Maße das Risiko eines Arbeitsunfalls. Werden alle gesetzlichen Anforderungen (z. B. die bereits mehrfach erwähnte Gefährdungsbeurteilung, Arbeitsschutzausschuss etc.) eingehalten und gelebt, sollte dies aber automatisch der Fall sein.

Für den Ersthelfer und die Rettungskräfte hat Eigenschutz in allen Phasen des Einsatzes absolute Priorität. Dabei ist es äußerst wichtig, gefährliche Situationen rechtzeitig zu erkennen. Das verhindert, dass Ersthelfer blindlings in Situationen hineinlaufen, die eine erhebliche Gefahr für sie darstellen. Nur ein unverletzter Helfer kann helfen, ein geschädigter Helfer ist ein Hilfsbedürftiger mehr. Typische Gefährdungen in Notfallsituationen für die Hilfeleistenden sind z. B.:

- Von laufenden Geräten und Maschinen kann eine Verletzungsgefahr ausgehen. Sie müssen ausgeschaltet werden und gegen Inbetriebnahme gesichert werden.

- Im Transformatorenkeller oder in den Gründungsstrukturen einer (Offshore-)Windkraftanlage besteht die Gefahr des Erstickens, z. B. durch Kohlenstoffdioxid. Dieses sammelt sich am Boden, da es schwerer als Luft ist und die Luft vollständig verdrängen kann.
- Bei Bränden bestehen Gefahren durch Hitze und Rauchgas.
- Von Bereichen, in denen sich Gase bilden können, geht neben der gesundheitlichen Gefährdung auch eine Explosionsgefahr aus. Sie müssen vor der eigentlichen Hilfeleistung gründlich gelüftet werden.
- Es gibt die unterschiedlichsten Gifte, die bereits durch einfachen Kontakt eine erhebliche Gefahr für den Hilfeleistenden darstellen.
- Säuren und Laugen können selbst verdünnt noch starke Ätzwirkungen besitzen.
- Eine Hauptgefahr im Bereich der Windenergie ist elektrischer Strom. Vor der Hilfeleistung ist unbedingt die Stromzufuhr durch Entfernen der Sicherung oder des Steckers zu unterbrechen, die Anlage ist gegen Wiedereinschalten zu sichern, manche elektrotechnischen Bauteile können gefährliche Restspannungen speichern.
- Auch blutende Wunden können wegen der von ihnen ausgehenden Infektionsgefahr eine potenzielle Gefährdung darstellen.

Zumindest im Bereich der Onshore-Windkraftanlagen erfolgt die Anfahrt normalerweise mit dem Kraftfahrzeug. Somit nehmen alle Insassen am öffentlichen Straßenverkehr teil und sollten deshalb auch in der Lage sein, eine Unfallstelle entsprechend abzusichern. Bei der Sicherung der Unfallstelle ist auf folgende Punkte unbedingt zu achten:

- Warnblinkanlage einschalten.
- Plötzliches Bremsen vermeiden und auf der Autobahn auf keinen Fall rückwärts fahren.
- Eigenes Fahrzeug in einem sicheren Abstand am äußersten rechten Fahrbahnrand oder auf dem Pannenstreifen abstellen. Als Faustregel gilt hier: je größer die gefahrene Geschwindigkeit, desto größer der notwendige Abstand. Das eigene Auto soll zusätzliche Sicherheit bieten.
- Warnwesten anziehen.

- Mitfahrer sollten sich, sofern sie nicht selbst in das Geschehen eingebunden sind, hinter den Leitplanken aufhalten.
- Mobiltelefon, Verbandskasten und Warndreieck aus dem Auto mitnehmen.
- Warndreieck in angemessenem Abstand vor dem Unfallort aufstellen, der sicherste Weg zum Aufstellort ist hinter der Leitplanke mit dem aufgeklappten Warndreieck. Folgende Entfernungen des Warndreiecks zum Unfallort sind Richtwerte: innerorts: 50 Meter (innerorts), 100 Meter (Landstraße), 150 bis 400 Meter (Autobahn). Bei der Aufstellung Kurven oder Erhebungen berücksichtigen.
- Andere Autofahrer per Handzeichen auffordern, langsam zu fahren.

Bereits bei der Erstellung eines Notfallkonzeptes sollte auch an die nachträgliche und möglichst frühzeitige psychische Betreuung der Helfer gedacht werden. Schwere Unfälle und große Schadenslagen hinterlassen Spuren und können schlussendlich auch wieder zu neuen Unfällen führen (z. B. durch Angst und Unsicherheit in ähnlichen Situationen), wenn solche Ereignisse im Nachhinein nicht effektiv und sorgfältig aufgearbeitet werden.

4.2 Notfallorganisation

Der Arbeitgeber ist verpflichtet, vor der Arbeitsaufnahme entsprechende Notfallpläne für die unterschiedlichsten Notsituationen zu erstellen. Notfallpläne dokumentieren die für den Notfall vorzuhaltenden Strukturen, Maßnahmen und Mittel. Ein guter Notfallplan ist kurz und unmissverständlich. Er muss so entworfen sein, dass alle beteiligten Stellen und Personen im Notfall detaillierte Verfahrensanweisungen vorfinden. In festgelegten Zeitabständen muss der Notfallplan von den verantwortlichen Personen auf seine Wirksamkeit geprüft werden. Bestehen, z. B. wegen baulicher Veränderungen oder durch Erkenntnisse, die in Übungen gewonnen wurden, Zweifel an der Wirksamkeit des Notfallplans, muss dieser entsprechend aktualisiert werden. Wichtig ist auch, dass die jeweils aktuellen Pläne für alle Personen jederzeit zugänglich sind.

Der Unternehmer muss die im Notfallplan benannten Mitarbeiter für ihre Aufgaben fortlaufend schulen und die notwendigen Mittel bereitstellen, damit die erforderlichen Maßnahmen im Ereignisfall gezielt und effektiv umgesetzt werden können. Das gilt vor allem für neu in die Notfallplanung eingebundene Mitarbeiter. Eine schriftliche Übertragung der Aufgaben ist aus arbeitsrechtlicher Sicht sinnvoll. Notfallpläne sind gerade an abgelegenen Arbeitsplätzen als Grundlage für qualifizierte Notrufe, effektive Kommunikation und den strukturierten Ablauf einer Rettung bzw. Evakuierung anzusehen.

Notfall-Plan Nr. XXX	Evakuierung WEA – Transport mit dem Schiff

Bereich:	WEA	
⇒	Erste-Hilfe-Maßnahmen einleiten	
⇒	Für medizinische Beratung kontaktiere Leitstelle oder Seefunkärztlichen Dienst. - **Wo** ist es passiert? Standort WEA Kennung oder GPS Koordinaten - **Was** ist passiert? Kurzbeschreibung - **Wie** viele Personen sind verletzt? - **Welche** Art von Verletzungen liegen vor? - **Warten** auf Rückfragen!	
⇒	Alarm, Shuttle-Boot und OWPB informieren	
⇒	Abseilgeschirr und Helfer, wenn nötig, auf die WEA (eine Trage ist im Maschinenhaus der WEA)	Aktivitäten
⇒	Der Verletzte wird auf der Trage befestigt und zum David-Kran der Plattform gebracht	
⇒	Abseilgeschirr am Kran befestigen	
⇒	Trage am Abseilgeschirr befestigen	
⇒	Prüfen aller Anschlagpunkte Trage und Kran	
⇒	Sichtkontakt zum Boot halten	
⇒	Kontrolliertes Abseilen des Verletzten z.B. auf das Shuttle-Boot	
Bereich:	**Shuttle / Verkehrssicherungsfahrzeug**	
⇒	Rücksprache OWPB via Telefon oder VHF	
⇒	Kontakt zum Rettungsboot aufnehmen, weitere Vorgehensweise absprechen	Aktivitäten
⇒	Wenn Hilfe an Deck notwendig, Restpersonal von der WEA abholen	
Bereich:	**Andere Fahrzeuge**	
⇒	Am Funkgerät auf Kanal 16 VHF verbleiben und die Situation abwarten	Aktivitäten
⇒	Standby für eventuelle Unterstützung	
Bereich:	**Offshore Windpark Betriebsbüro**	
⇒	Verständigt umgehend MRCC und informiert Shuttle-Boot	
⇒	Leitet wenn nötig weitere Erste-Hilfe-Maßnahmen an Land ein	
⇒	Informiert BK/OWFK und leitende Fachkraft für Arbeitssicherheit	Aktivitäten
⇒	Informiert Leitstelle	
⇒	Informiert den AN, nach Rücksprache mit BK	
⇒	Rückmeldung bei allen informierten Stellen über Notfall Ende	

Abbildung 28: Auszug Notfallplan Transport mit dem Schiff

Sollte es trotz aller Maßnahmen zu einem Unfall, zu Ereignissen, Störungen oder Beinahe-Unfällen kommen, ist eine genaue Auswertung und Analyse der Geschehnisse als absolut notwendig anzusehen. Wichtig ist dabei, nicht nur die offensichtlichen Ursachen zu ermitteln. Allzu häufig werden diese abschließend mit menschlichem Versagen angegeben. Ganzheitliche Unfallanalysen (auch Root Cause Analysis genannt) setzen stattdessen dazu bei tiefer liegenden Ursachen der Unfallereignisse an, um eventuelle Missstände zu beseitigen und nachhaltige Lösungen für die Probleme zu finden und somit die präventiven Maßnahmen zu verbessern.

Bei der ganzheitlichen Unfallanalyse werden die Ursachen aus den Bereichen Technik, Organisation und Mensch sowie deren Wechselwirkungen zueinander berücksichtigt. Aufgrund dieser Charakteristika hat eine ganzheitliche Unfallanalyse auch eine hohe Bedeutung für die Gefährdungsbeurteilung, da manche Interaktionen nicht im Voraus als möglich erkannt werden. Ein Beispiel für eine oft unberücksichtigte Unfallursache sind falsch zugrunde gelegte Bruttoarbeitszeiten, bei denen lange Anfahrtswege der Mitarbeiter zum Arbeitsplatz unberücksichtigt geblieben sind und letztendlich Müdigkeit als primäre Unfallursache in Betracht gezogen werden muss. Weitere häufig nicht oder ungenügend berücksichtige gefahrbringende Bedingungen sind Betriebsblindheit, Routine und Unwissenheit, aus der sich Fehler beim Bedienen einer Maschine ergeben.

Im Umfeld der Windindustrie gibt es die verschiedensten Notsituationen, die sich jeweils aus den Umständen, aus der Umgebung oder aus möglichen Folgen des Notfalls ergeben. Im Rahmen der Ersten Hilfe geht es vornehmlich um den medizinischen Notfall. Als medizinischer Notfall gelten Fälle, bei denen es zu einer bedrohlichen Störung der Vitalfunktionen (Bewusstsein, Atmung und Kreislauf) oder der Funktionskreisläufe (Wasser-Elektrolyt-Haushalt, Säure-Basen-Haushalt, Temperaturhaushalt und Stoffwechsel) kommt und ohne sofortige Hilfeleistung erhebliche gesundheitliche Schäden oder sogar der Tod des Patienten zu befürchten ist. Zu beachten sind hier die besonderen Rahmenbedingungen von abgelegenen Arbeitsplätzen, durch die sich auch augenscheinlich medizinische Bagatellnotfälle zu einer lebensbedrohenden Situation entwickeln können.

Der Unternehmer hat im Rahmen des Notfallkonzeptes sicherzustellen, dass jeder Mitarbeiter jederzeit und an jedem Arbeitsplatz einen Notruf absetzen kann. Dazu hat er eine auf das Arbeitsumfeld abgestimmte, sicher funktionierende Kommunikationsinfrastruktur vorzuhalten. Mobiltelefone zählen regelmäßig nicht dazu, da auch an Onshore-Arbeitsplätzen nicht von einer Netzabdeckung des jeweiligen Mobilfunkproviders ausgegangen werden kann. An Offshore-Arbeitsplätzen kommt zur generell fehlenden Netzabdeckung noch die meist fehlende technische Eignung der Geräte hinzu. In Notfallsituationen müssen alle beteiligten Rettungs- und Hilfskräfte miteinander kommunizieren können.

Zu den Aufgaben der Ersthelfer gehört in vielen Fällen der Transport des Hilfsbedürftigen aus dem Gefahrenbereich oder in vorhandene Erste-Hilfe-Räume. Bei Arbeitsplätzen in der Windindustrie gehört die technische Rettung von hoch- oder tiefgelegenen Arbeitsplätzen, aus dem Wasser und aus beengten Räumen dazu. Der Begriff Transport muss hier allerdings klar vom eigentlichen Transport im Sinne der Rettungskette abgegrenzt werden, der nicht Aufgabe der Ersthelfer, sondern der professionellen Rettungskräfte ist. Die Auswahl der richtigen Transportmethode richtet sich nach den folgenden Kriterien:

- Art und Umfang der Verletzung
- Zustand und Anzahl der Verletzten
- Grad der äußeren Gefährdung für Verletzte und Helfer
- Zur Verfügung stehende Mittel (Personal, Material, Zeit)
- Länge des Transportweges

Es muss immer abgewogen werden, ob ein Verbleib der verletzten Person am Unfallort Lebensgefahr für diese bedeutet und deshalb in jedem Fall ein Transport (sofern unter Berücksichtigung des Eigenschutzes überhaupt möglich) erfolgt, selbst wenn dieser aus medizinischer Sicht nicht angezeigt ist. Das Leben der Person ist das höchste zu schützende Gut und folglich müssen notfalls sogar weitere Verletzungen in Kauf genommen werden. Besteht keine unmittelbare Lebensgefahr, kann es in besonders komplizierten Situationen (z. B. beengte Räume mit Wirbelsäulenverletzung) sinnvoll sein, den Transport den professionellen Rettungskräften zu überlassen. Diese verfügen in der Regel über zusätzliches Equipment und vor allem über wesentlich mehr Erfahrung.

Verletzte sind nach Möglichkeit mit und ohne Hilfsmittel immer so zu transportieren, dass sie sehen können, wohin sie transportiert werden. Beim Transport auf einer Trage weisen die Füße des Verletzten somit in Transportrichtung. Bei ansteigenden Transportwegen (z. B. Treppen) weist der Kopf des Verletzten in Transportrichtung. Sobald der Weg wieder eben ist, sollte wieder zur ursprünglichen Transportrichtung gewechselt werden. Entscheidend ist in allen Phasen des Transports, dass der Verletzte nicht erneut oder zusätzlich geschädigt wird (z. B. achsengerechte Umlagerung bei Wirbelsäulenverletzungen, Beobachten bestehender Wunden) und niemals alleine bzw. unbeobachtet bleibt.

Abbildung 29: Transport von Verletzten, Wegschleifen mit Rautekgriff

Bei der Verwendung des Rautekgriffs ist darauf zu achten, dass die Daumen des Ersthelfers außen liegen und vom Körper des Verletzten weg zeigen, um zusätzlichen Druck auf den Körper zu vermeiden.

Abbildung 30: Transport von Verletzten, unterstützendes Gehen

Abbildung 31: Transport von Verletzten, Schultertragegriff

Abbildung 32: Transport von Verletzten, Tragering aus Dreieckstuch

Abbildung 33: Transport von Verletzten, Tragen durch zwei Helfer

Abbildung 34: Transport von Verletzten, Rettungstuch

Schleifkorbtrage
Als Hilfsmittel zum Transport von Verletzten finden herkömmliche Krankentragen in der Ersten Hilfe an abgelegenen Arbeitsplätzen keine Anwendung, da der Verletzte in der Regel ungesichert und ungeschützt bleibt. Die Schleifkorbtrage ist für die zu erwartenden Notfallsituationen die wesentlich bessere Wahl und kann waagerecht und senkrecht benutzt werden. Durch die stabile Bauweise kann der Korb als Schleifkorb, als Abseilkorb oder als einfache Trage benutzt werden. Vier große metallverstärkte Ringe zum Einhaken von Karabinern sind in den Seiten eingearbeitet. Die Innenseite ist mit einer Matte ausgelegt, die Stöße abfängt und mildert. Standardmäßig ist eine verstellbare Fußstütze vorhanden. Durch den rundum verlaufenden stabilen Aluminiumrahmen bleibt der Verletzte auch beim Transport unter beengten Bedingungen gut geschützt. Er ist durch ein Gurtsystem gegen Herausfallen gesichert. Durch die 12 Tragegriffe ist ein Transport mit 6 oder sogar 8 Helfern

(bei schweren Verletzten) auch über längere Strecken möglich. Die Nachteile einer Schleifkorbtrage liegen auf der Hand: Sie ist groß und sperrig. Daher benötigt sie viel Platz für Lagerung und Transport. Außerdem lässt sich ein Verletzter nur mit zusätzlichen Hilfsmitteln (z. B. Tragetuch, Schaufeltrage, Vakuummatratze) achsengerecht in die Schleifkorbtrage verbringen.

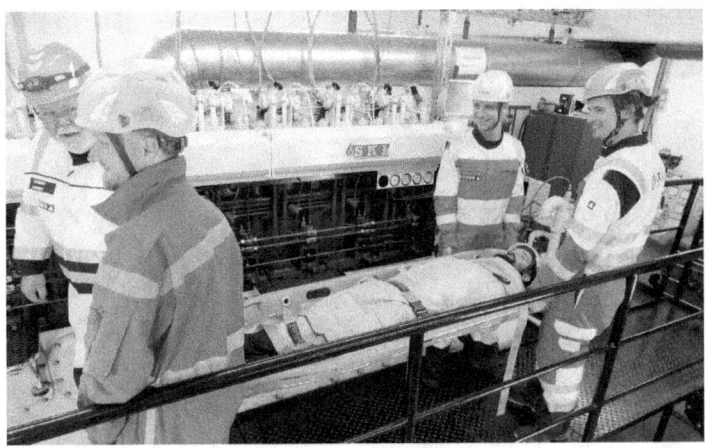

Abbildung 35: Transport von Verletzten, Schleifkorbtrage

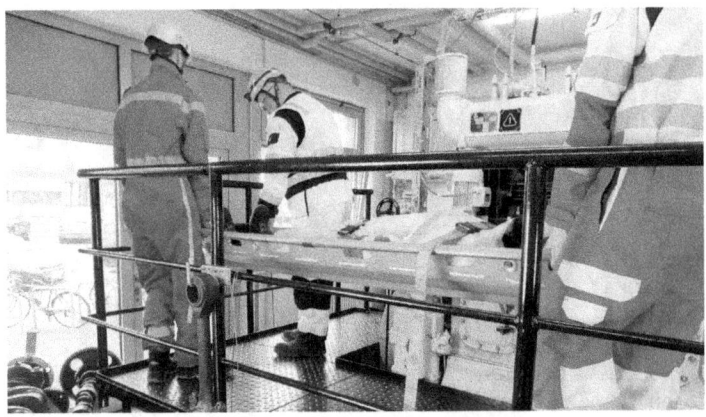

Abbildung 36: Transport von Verletzten, Schleifkorbtrage auf Treppen

Aufrollbare Tragesysteme
Für spezielle Situationen, wie die Höhenrettung oder die Rettung aus beengten Räumen, haben sich aufrollbare Tragesysteme etabliert. Sie haben ein kleines Packmaß, sind damit leicht zu transportieren und können horizontal, schräg und vertikal eingesetzt werden. Verletzten Personen bieten gute Modelle zusätzlichen Schutz durch längs- und querstabilisierende Elemente im Schulter-, Thorax-, Becken- und Wirbelsäulenbereich sowie einen einfachen Zusammenbau vor Ort.

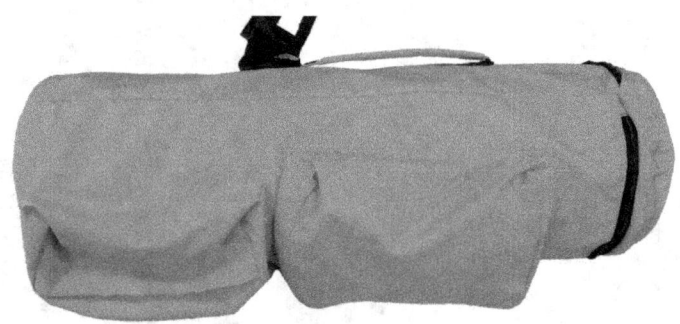

Abbildung 37: RollUP Trage im Transportsack

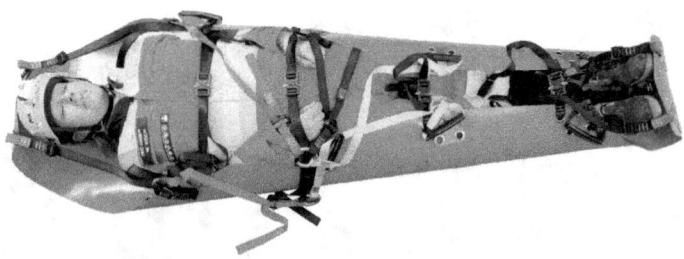

Abbildung 38: Transport von Verletzten, RollUP-Trage

Stabile Seitenlage
Alle selbstständig atmenden, bewusstseinsgetrübten oder bewusstlosen Personen werden in der stabilen Seitenlage gelagert. Die spontane (selbstständige) Atmung ist Grundvoraussetzung für die

stabile Seitenlage. Die stabile Seitenlage dient dem Zweck, versehentliches Einatmen von Flüssigkeit und Feststoffen wie Speichel, Blut und Erbrochenem zu verhindern. Sie hat im wesentlichen vier wichtige Merkmale:

- Der Verletzte soll stabil liegen, also in der Position verbleiben.
- Der Magen soll höher als der Mund liegen.
- Der Kopf soll überstreckt sein.
- Der Brustkorb soll entlastet werden.

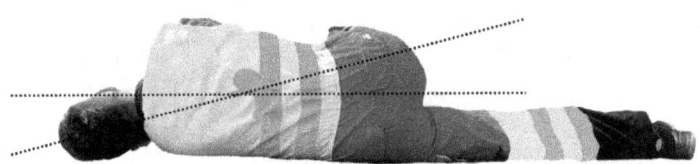

Abbildung 39: Stabile Seitenlage, Überprüfung der Zielvorgaben

Nachdem die verletzte Person in die stabile Seitenlage gebracht wurde, sollte man diese nach den oben genannten Merkmalen überprüfen. Gerade bei stämmigen Personen mit großem Brustumfang und kräftigen Schultern muss sehr darauf geachtet werden, dass der Kopf tatsächlich der tiefste Punkt ist und dieser nicht einfach in der Luft hängt. Es müssen so lange Korrekturen vorgenommen werden, bis die Ziele möglichst umfangreich erreicht werden.

Auch bei dringendem Verdacht auf Wirbelsäulenverletzungen oder bei Verletzten mit Hängetrauma wird die stabile Seitenlage bei bewusstlosen Personen angewendet, da die Gefahr des Erstickungstodes durch ein mögliches Verlegen der Atemwege höher bewertet wird als die Gefahr weiterer Wirbelsäulenschäden oder der Schädigung durch die Auswirkungen des Hängetraumas. Bestehen Verletzungen des Brustkorbes oder der Lunge, wird die bewusstlose Person immer auf die verletzte Seite gedreht, damit die unverletzte Seite der Lunge nicht durch das auf ihr lastende Gewicht in der Funktion zusätzlich beeinträchtigt wird. Wenn die medizinische und personelle Situation es zulässt, sollte der Betroffene nach 30 Minuten in der stabilen Seitenlage auf die andere Körperseite gedreht werden, um Lagerungsschäden zu vermeiden.

Liegt eine bewusstlose Person in der stabilen Seitenlage, ist eine enge Überwachung der Vitalfunktionen notwendig. Das kann durch eine regelmäßige Überprüfung der Atmung oder durch zusätzliche technische Hilfsmittel (z. B. Pulsoxymeter) erfolgen. Bewusstlosigkeit ist oft der Anfang von einem sich verschlechternden Allgemeinzustand. Erfolgt keine Überwachung, bleiben akute Situationen unbemerkt und können zum Tod führen.

Abbildung 40: Stabile Seitenlage, Schritt 1

Abbildung 41: Stabile Seitenlage, Schritt 2

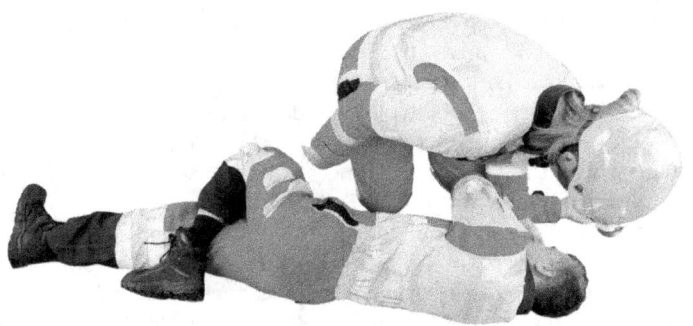

Abbildung 42: Stabile Seitenlage, Schritt 3

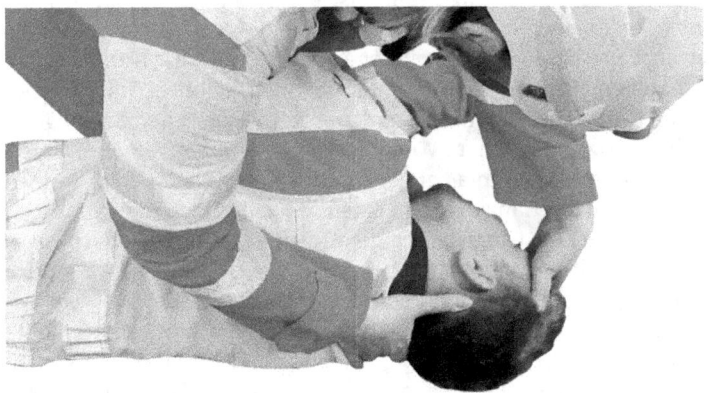

Abbildung 43: Stabile Seitenlage, Schritt 4

4.3 Rettungsteams, Notrufe und medizinische Telekonsultation

Um die Akzeptanz in der Bevölkerung nicht negativ zu beeinflussen, befinden sich Windkraftanlagen in der Regel an eher abgelegenen Orten oder im Meer. Da die Zeit bis zum Eintreffen professioneller Rettungskräfte einen signifikanten Einfluss auf die Genesung der betroffenen Person hat, stellen beide Varianten eine große Herausforderung dar. Die Anlagen müssen gefunden und mit den notwendigen Transportmitteln erreicht werden. Auch ein unbefestigter Waldweg oder Schneeverwehungen können die Anfahrt eines Rettungswagens behindern. Im Offshore-Bereich ist vor allem das Wetter das größte Problem. Die Zeit vom Notrufeingang bis zum

Eintreffen der benötigten Rettungskräfte wird als Hilfsfrist bezeichnet. Sie wird normalerweise von den einzelnen Bundesländern durch deren jeweiliges Rettungsdienstgesetz vorgeschrieben und beträgt max. 15 Minuten. Für Arbeitsplätze in der Windindustrie ist aufgrund der oben genannten Gründe von wesentlich verlängerten Hilfsfristen auszugehen. Da der Unternehmer trotzdem seiner gesetzlichen Verpflichtung zur wirksamen Ersten Hilfe nachkommen muss, müssen diese in den Notfall- und Rettungskonzepten entsprechend berücksichtigt werden. Dabei sind nicht nur wirkungsvolle technische Mittel zu berücksichtigen, sondern auch die Ausbildung der Mitarbeiter. Diese müssen den Verletzen in der Hilfsfrist adäquat medizinisch versorgen können.

Ausgangspunkt für die Zusammenarbeit des Ersthelfers mit den professionellen Rettungskräften ist ein strukturierter Notruf nach den bereits erwähnten Grundsätzen. Damit ist die Leitstelle bereits in der Lage, richtige Entscheidungen zu Rettungskräften und -mitteln zu treffen. Fehlen wichtige Informationen, kann es im weiteren Verlauf (z. B. durch Wartezeiten) zu einer zusätzlichen Schädigung des Verletzten kommen. Wenn in der Notsituation alle Beteiligten die ihnen im Notfallplan zugewiesenen Aufgaben kennen, können zwangsläufig verlängerte Hilfsfristen sinnvoll, z. B. für die technische Rettung oder in Absprache mit dem Telenotarzt für erweiterte medizinische Maßnahmen, genutzt werden. Wie in der Abbildung 2 zu sehen, stellen die Maßnahmen des Ersthelfers eine ganz wesentliche Grundlage für die Arbeit der professionellen Rettungskräfte dar. Empfehlenswert für eine möglichst sicher funktionierende Zusammenarbeit sind regelmäßige gemeinsame Trainings, zusammenpassendes Equipment, angeglichene Notfallprozeduren und gegenseitige Kenntnis der Arbeitsweise.

Um eine Notsituation möglichst schnell und standardisiert abzuarbeiten, versucht man für das Handeln möglichst einfache Grundsätze zu schaffen. Diese Grundsätze sollen einfach strukturiert, effektiv und leicht zu merken sein. International hat sich dafür das ACT-Prinzip etabliert. ACT steht für Beurteilen (Assess), Kommunizieren (Communicate) und Auswahl (Triage).

Beurteilen
In der erste Phase geht es um die erwähnte Eigensicherung – um das Beurteilen der Situation, um die eigene Sicherheit zu

gewährleisten und nicht selbst Opfer der Situation zu werden. Die Bewertung sollte nur wenige Sekunden dauern, um keine Zeit zu verlieren. Es muss auf mögliche mittelbare (Chemikalien, Gase) und unmittelbare (bewegte Anlagenteile) Gefahren geachtet und diese müssen (z. B. durch Ausschalten von Maschinen) so weit möglich eliminiert werden. Zu dieser Bewertung gehören auch die Umstände und das Umfeld der Situation. Solange es keine plausible Erklärung für die Notsituation gibt, sollten keine Maßnahmen ergriffen werden.

Kommunizieren (Ebenen: hoch, runter, links und rechts)
Nach oben: Es ist wichtig, dass die professionellen Rettungskräfte (hier im Sinne der übergeordneten Handlungsposition) so schnell und so exakt wie möglich über die Situation benachrichtigt werden. Diese Maßnahme spart wichtige Zeit, gibt den Rettungskräften die Möglichkeit, sich auf das Geschehen vorzubereiten und die Leitstelle kann die Ersthelfer bei ihrem Einsatz unterstützen – im Idealfall mithilfe telemedizinischer Technik. In Deutschland werden in der Ersten Hilfe die 5 W-Fragen vermittelt:

- Wo ist es passiert?
- Was ist geschehen?
- Wie viele Personen sind betroffen/verletzt?
- Welche Art von Verletzungen/Zustände?
- Warten auf Rückfragen!

Nach unten: Damit ist die Kommunikation mit dem Verletzten gemeint. Gerade diese wird oft unterschätzt. Man kann im Gespräch zum einen viel über den Zustand der Person erfahren (jemand, der redet, hat freie Atemwege, atmet und ist bei Bewusstsein) und zum anderen oft eine Verschlechterung der Situation aufgrund von psychischen Problemen vermeiden. Für die Kommunikation gelten die allgemeinen Regeln des Anstands und der Höflichkeit. Der Ersthelfer sagt, wer er ist und dass er da ist, um zu helfen. Je ruhiger die Kommunikation mit der verletzten Person abläuft, desto mehr Sicherheit wird ihr vermittelt, dass der Helfer die Situation beherrscht.

Nach links und rechts: Hinzukommende und bereits vor Ort befindliche Personen können als zusätzliche Helfer in das Geschehen eingebunden werden. Der Helfer muss erkennen, dass weitere Kräfte für ihn eine Hilfe darstellen, die es zu nutzen gilt. Vielleicht gibt es sogar jemanden darunter, der besser für den Umgang mit dem Verletzten geeignet ist oder die örtlichen Gegebenheiten besser kennt.

Triage
Wenn es mehr als einen Verletzten gibt, neigen Helfer dazu, zuerst zu der am lautesten um Hilfe rufenden Person zu gehen, da sie die meiste Aufmerksamkeit erregt. Genau hier passiert schnell ein großer Fehler: Personen, die schreien, haben freie Atemwege und atmen. Bei stillen Personen sollte man sich fragen, warum sie still sind. Dieses Auswahlverfahren wird fachlich als Triage bezeichnet. Die nachfolgende Abbildung kommt aus dem professionellen Umfeld der Rettungsdienste und wird dort bei sogenannten Massenanfällen von Verletzten angewandt, um möglichst schnell einen Überblick über die Situation zu gewinnen. An dieser Stelle soll die Abbildung nur einen Überblick über ein solches Auswahlverfahren geben und das Prinzip erklären.

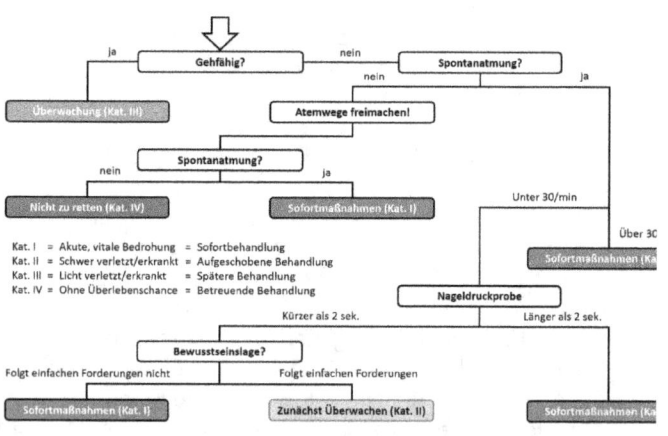

Abbildung 44: Triage

Notrufe müssen immer in Übereinstimmung mit dem Notfallplan erfolgen und dessen Vorgaben berücksichtigen. Nur so ist die Wirksamkeit der Maßnahmen sichergestellt.

Dazu gehören zum Beispiel:

- Die Nutzung von Alarmierungschecklisten
- Einhaltung der vorgeschriebenen Kommunikationswege
- Befolgen von vorgegebenen Sprachregelungen
- Benutzen von spezieller technischer Ausrüstung

Telekonsultation
Unter Telekonsultation wird im Zusammenhang mit der erweiterten Ersten Hilfe eine telenotärztliche Beratung, Unterstützung und Betreuung des Ersthelfers verstanden. Neben der fachlichen Unterstützung durch den Telenotarzt spielt auch die psychologische Wirkung eine große Rolle. Der Ersthelfer fühlt sich in seinem Handeln sicherer, wodurch die Qualität der Ersten-Hilfe-Leistung steigt. Außerdem eröffnet die Telekonsultation die Möglichkeit, zusätzliche Maßnahmen (z. B. Medikamentengabe) im Rahmen der Notsituation durchzuführen.

Für die Telekonsultation kommen Geräte aus der Telemedizin zum Einsatz, die sich zur Überwachung der Vitaldaten des Verletzten eignen. Von Telemedizin spricht man, wenn an beiden Seiten der Verbindung medizinisches Fachpersonal vorhanden ist. Erfolgt der Einsatz der Technik von medizinischen Laien (z. B. im Kontext der erweiterten Ersten Hilfe) spricht man von Telekonsultation.

Abbildung 45: Telemedizingerät

Voraussetzung für die Anwendung der Telekonsultation ist eine stabil und zuverlässig funktionierende IT-Infrastruktur mit entsprechenden Leistungsparametern, um eine möglichst bidirektionale Verbindung zur Übertragung von Echtzeitdaten (Fotos, Videos) zu ermöglichen. Verbindungen über die Mobilnetze (LTE, UMTS) oder über Satelliten haben sich in der täglichen Anwendung als nicht ausreichend erwiesen. Sie sollten maximal als Backup-Übertragungswege infrage kommen. Die Steuer- und Regelungstechnik moderner Windenergieanlagen ist aber in der Regel an leistungsfähige Datennetze angeschlossen, die für die Anwendung der Telekonsultation genutzt werden können. Die Herausforderung liegt dabei eher in der Anbindung des Telemedizingeräts an die vorhandenen Netze, damit das Gerät auch in den entlegensten Ecken der Anlage zuverlässig eine Verbindung zum Telenotarzt aufbauen und auf dem eventuell notwendigen Transportweg halten kann. Da während der Telekonsultation personenbezogene Daten erfasst werden, muss die Übertragung in die Leitstelle über verschlüsselte Verbindungen erfolgen. Gemäß der EU-Datenschutz-Grundverordnung hat der Unternehmer bei der Organisation der Telekonsultation weitere rechtliche Bestimmungen zu beachten, um die sensiblen medizinischen Daten zu schützen.

Wie in der Abbildung 10 zu sehen, ist die Telekonsultation lediglich ein Bestandteil der ganzen Erste-Hilfe-Organisation. Die Anschaffung eines Telemedizingerätes ergibt ohne die Schaffung der notwendigen Voraussetzungen für seinen Betrieb keinen Sinn. In der Regel sind bei der Telekonsultation mindestens drei Parteien beteiligt:

- Ersthelfer und Personal vor Ort
- Leitstelle/Telenotarzt
- Rettungskräfte

Die Aufzählung erhebt keinen Anspruch auf Vollständigkeit – es können wesentlich mehr Stellen/Personen involviert sein. Häufig handelt es sich sogar um unterschiedliche Leistungsanbieter mit unterschiedlichen Verträgen. Entscheidend ist, dass alle Beteiligten die örtlichen und betrieblichen Gegebenheiten sowie die Abläufe kennen und trainiert haben. Gerade beim Einsatz von Telemedizingeräten muss die Technik (z. B. Telemedizingerät/ Leitstelle) kompatibel sein. Auch der Ersthelfer vor Ort muss für die Benutzung des Telemedizingerätes eingewiesen und trainiert sein.

Die genauen Abläufe der Telekonsultation können sehr unterschiedlich sein und richten sich nach den Notfallplänen oder expliziten Vorgaben für die Kommunikation im Fall eines Notfalls.

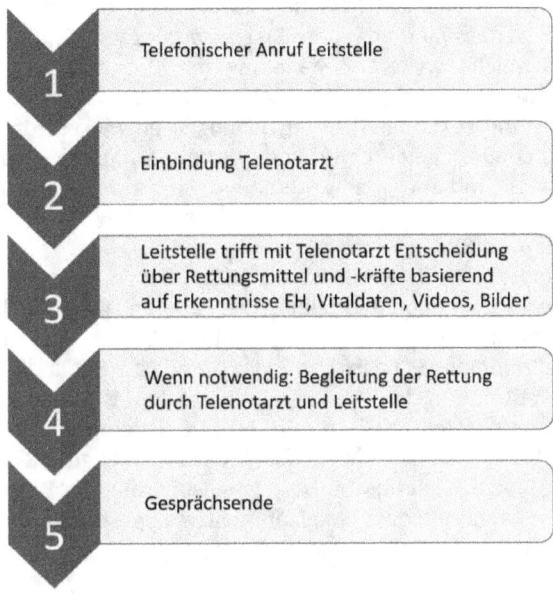

Abbildung 46: Möglicher Ablauf einer Telekonsultation

Während der Telekonsultation dürfen die Maßnahmen an der verletzten Person auf keinen Fall vergessen werden. Wenn genügend Mitarbeiter vor Ort sind, ist es sinnvoll, eine Person ausschließlich für die Kommunikation mit dem Telenotarzt abzustellen. Diese Person kann sich dann auf ihre Aufgaben konzentrieren und stört keine wichtigen Abläufe.

5 Primäre u. sekundäre Untersuchungen/(C-)ABCDE-Schema

Ende der 1970er-Jahre war man auf der Suche nach einem Ausbildungskonzept für standardisierte diagnostische und therapeutische Handlungsabläufe in der präklinischen Erstversorgung von schwer verletzten Personen. Die Suche basierte auf der Erkenntnis, dass eine adäquate Erstversorgung die Grundlage für die erfolgreiche weitere Behandlung der Betroffenen darstellt. Als Ergebnis wurde das ABCDE-Schema in der Kombination mit primären und sekundären Untersuchungen entwickelt, das heute in vielen Ländern gelehrt wird und über die Jahre aufgrund neuer Erkenntnisse immer wieder weiterentwickelt wurde.

5.1 Das (C-)ABCDE-Schema

Für die erweiterte Erste Hilfe ist das ABCDE-Schema eine wirksame Strategie zur schnellen Beurteilung des Patientenzustands (kritisch oder nicht kritisch) und zur zielgerichteten Einleitung von Erste-Hilfe-Maßnahmen. Es basiert auf dem Grundsatz: Behandle zuerst, was zuerst tötet. In den letzten Jahren wurde das ABCDE-Schema um ein vorangestelltes „C" zum (C-)ABCDE-Schema erweitert. Der zusätzliche Buchstabe steht für das „C" aus dem englischen Begriff „Critical Bleeding" (kritische bzw. lebensbedrohliche Blutungen), da man erkannt hat, dass ein nicht rechtzeitig gestoppter massiver Blutverlust sehr schnell irreparable Folgen haben kann.

Abbildung 47: Das (C-)ABCDE-Schema

Das (C-)ABCDE-Schema muss immer eingebettet in den Kontext der Notsituation betrachtet werden. Es nützt keine noch so korrekte Abarbeitung des Schemas, wenn man z. B. Gefahren für die Ersthelfer nicht beachtet oder sich für die Abarbeitung der einzelnen Punkte übermäßig viel Zeit nimmt und dabei eine eventuell notwendige Reanimation übersieht. Da das Schema während der gesamten Behandlungsdauer immer wieder abgearbeitet wird, kann es nie den Status „fertig abgearbeitet" erlangen. Die erste Abarbeitung nennt man primäre Untersuchung (engl. primary survey), alle weiteren Durchläufe des Schemas nennt man sekundäre Untersuchung (engl. secundary survey). Die primäre und die sekundäre Untersuchung unterscheiden sich hauptsächlich in dem bereits erwähnten ersten Buchstaben „C". Folgerichtig liegt in der primären Untersuchung der Schwerpunkt auf lebensbedrohlichen Problemen, die schnellstmöglich abgearbeitet werden müssen. In der sekundären Untersuchung kann man sich dann auch um nebensächlichere Probleme kümmern. Die Wirkung der jeweils ergriffenen Maßnahmen muss in den folgenden Abarbeitungen des Schemas immer beobachtet und überprüft werden.

5.2 Primäre Untersuchung (Primary Survey)
Da die primäre Untersuchung eine besondere, zeitkritische Bedeutung hat, sollte sie auf keinen Fall länger als 3 Minuten dauern. Gerade wegen des Zeitdrucks müssen die Ersthelfer stets auf den Eigenschutz achten. Da es für alle Schadensereignisse oder Unfälle einen Grund gibt, ist eine schnelle Analyse der Situation oft für alle Beteiligten lebensrettend. Gründe können im einfachsten Fall menschliches Versagen, aber beispielsweise auch austretendes Gas sein. Im Rahmen der primären Untersuchung muss entschieden werden, ob und wann der Betroffene aus dem Gefahrenbereich transportiert werden muss, um eventuelle weitere Schäden oder Gefahren für den Betroffenen und die Ersthelfer auszuschließen. An abgelegenen Arbeitsorten ist eine möglichst frühzeitige Alarmierung der Rettungskräfte notwendig, um die ohnehin längeren Hilfsfristen nicht noch weiter zu auszudehnen.

Bereits der erste Kontakt zu dem Betroffenen gibt den Helfern einen Eindruck der Situation und vom Zustand des Betroffenen. Ersthelfer sollten sich dabei von ihren Sinnen (Sehen, Hören, Fühlen) und ihren persönlichen Eindrücken (ist der Betroffene ansprechbar, hat er offensichtlich Schmerzen, wie ist seine Stimme, gibt er adäquate Antworten auf Fragen) leiten lassen.

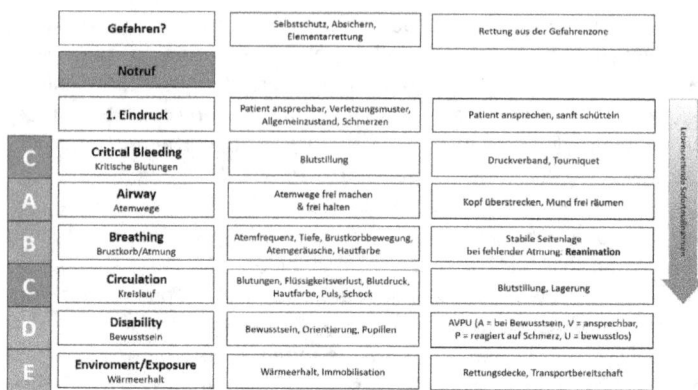

Abbildung 48: Das (C-)ABCDE-Schema innerhalb der primären Untersuchung

Über die Nutzung einer eventuell vorhandenen Möglichkeit zur Telekonsultation sollte während der primären Untersuchung möglichst frühzeitig entschieden und diese entsprechend organisiert werden. Notwendige Erste-Hilfe-Maßnahmen am Betroffenen haben in jedem Fall Vorrang. Die Nutzung der Telekonsultation ist normalerweise nur mit einer entsprechenden Anzahl von Helfern möglich, da es anderenfalls zur Schädigung des Betroffenen kommen kann.

5.3 „C" – Critical Bleeding (lebensgefährliche Blutungen)
Sind augenscheinlich keine Anzeichen (z. B. größere Blutlachen, durchgeblutete Kleidung) für lebensgefährliche Blutungen des Betroffenen zu erkennen, gilt der Schritt „C" als abgearbeitet und es wird unmittelbar zur Abarbeitung von Schritt „A" übergegangen.

Im Körper eines gesunden Menschen fließen bei einem Gewicht von 60–80 kg ca. 4,5–6 Liter Blut. Ein Blutverlust von 20 % (ca. 1 Liter) wird bereits als kritisch angesehen, da die Organe nicht mehr ausreichend mit Sauerstoff und Nährstoffen versorgt werden können. Der Betroffene wird in der Folge bewusstlos. Wird der Blutverlust nicht kurzfristig gestoppt, endet dieser Prozess unweigerlich mit dem Tod, da neues Blut nicht in gleicher Geschwindigkeit nachgebildet werden kann. Verlorenes Blut ist präklinisch nicht ersetzbar. Die Gabe von Blutkonserven ist erst im Krankenhaus möglich. Sind die Organe durch einen hohen Blutverlust bereits zu sehr geschädigt, ist der Prozess nicht umkehrbar oder reparabel.

Die Gefährlichkeit eines hohen Blutverlustes, kann man sehr gut statistisch belegen. So wurde z. B. für die Stadt Berlin im Jahr 2010 eine Statistik erstellt, nach welcher ca. 67 % der vor der Ankunft im Krankenhaus verstorbenen Personen verblutet sind. In dieser Zahl sind neben den äußeren und meist auch für den Ersthelfer handhabbaren äußeren Verletzungen allerdings auch innere Blutungen enthalten. Bei inneren Blutungen stehen dem Ersthelfer (und oft auch den professionellen Rettungskräften) keine bzw. kaum geeignete Mittel zur Verfügung, um diese zu stoppen.

Druckverband
Bei starken und andauernden Blutungen eignet sich der klassische Druckverband als wenig invasive Möglichkeit, um die Blutung zum Stillstand zu bringen. Der Vorteil gegenüber dem Abdrücken der Arterie ist, dass der Druckverband eigenständig funktioniert und der Ersthelfer lediglich die Kontrolle der Wirksamkeit des Verbandes übernehmen muss. Der Druckverband soll dabei dem Blutdruck entgegenwirken, ohne jedoch – im Unterschied zur Abbindung – die Blutzufuhr und -abfuhr im jeweiligen Körperteil zu unterbinden. Das Druckpolster konzentriert den Druck auf die Wunde und die der Wunde gegenüberliegende Seite der Extremität. Dadurch entstehen Bereiche links und rechts neben der Wunde, in denen weiterhin ein ungehinderter Blutfluss möglich ist. Ein in diesem Sinne erfolgreich angelegter Druckverband zeigt kein Durchbluten durch das Verbandmaterial, kein Anschwellen und keine Blaufärbung des betroffenen Körperteils (keine Stauung). Eine Pulskontrolle (z. B. mithilfe eines Pulsoxymeters) am Handgelenk bzw. am Fuß bestätigt, dass keine Abbindung hergestellt wurde.

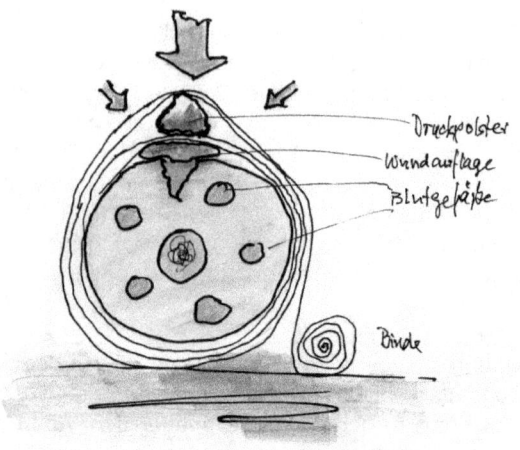

Abbildung 49: Druckverband

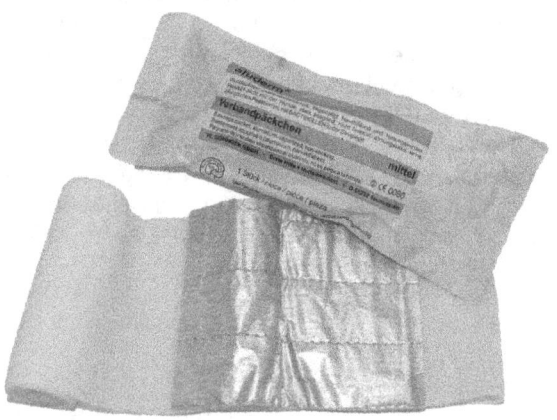

Abbildung 50: Verbandpäckchen

Tourniquet
Wenn keine der bisher genannten Möglichkeiten zur Wundversorgung die Blutung zum Stillstand bringt, empfehlen auch die Leitlinien des ERC den Einsatz eines Abbindesystems (Tourniquets). Es darf nicht bei Bagatellverletzungen eingesetzt werden.

Gegenüber einer Abbindung, z. B durch einen Gürtel, sind solche Abbindesysteme speziell für diesen Einsatzzweck entwickelt. Moderne Tourniquets funktionieren entweder pneumatisch oder mechanisch und sind in der Regel mit einem Beschriftungsfeld ausgestattet. Letzteres dient der Dokumentation des Zeitpunkts der Anlage. Auch wenn durch das Tourniquet Blutergüsse und Quetschungen oder im schlimmsten Fall sogar permanente Schäden an Nerven und Gewebe hervorgerufen werden können, wird der Einsatz durch den damit verhinderten Blutverlust (und das daraus eventuell folgende Versterben) gerechtfertigt, zumal es in der Regel bei Zeiträumen unter zwei Stunden zu keinerlei Komplikationen kommt.

Das Tourniquet soll etwa handbreit über der Wunde zum Körper platziert und, um ein Verrutschen zu verhindern, direkt auf der Haut angewendet werden. Es darf nicht über Gelenken angewendet werden. Bei der Anlage des Tourniquets ist zu berücksichtigen, dass dem Betroffenen dabei starke Schmerzen entstehen. Die Abbindung wird normalerweise erst vom später behandelnden Arzt gelöst.

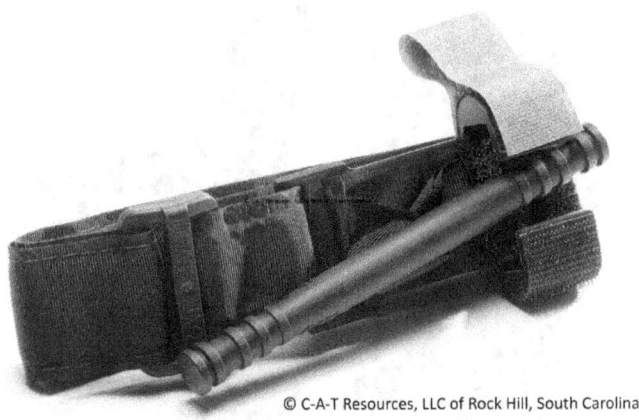

© C-A-T Resources, LLC of Rock Hill, South Carolina

Abbildung 51: C-A-T® Gen 7 Black Tourniquet

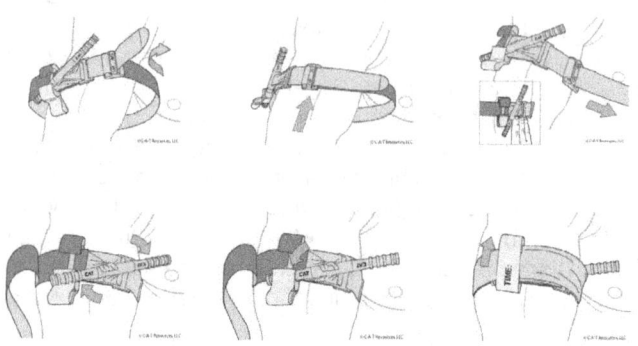

© C-A-T Resources, LLC of Rock Hill, South Carolina

Abbildung 52: Anwendung C-A-T® Gen 7 Black Tourniquet

Die folgenden Abbildungen zeigen verschiedene Bauformen mechanischer Tourniquets, die zum Teil auf bestimmte Anwendungszwecke spezialisiert sind. In der Praxis haben sich vor allem Modelle ohne Mechanik bewährt.

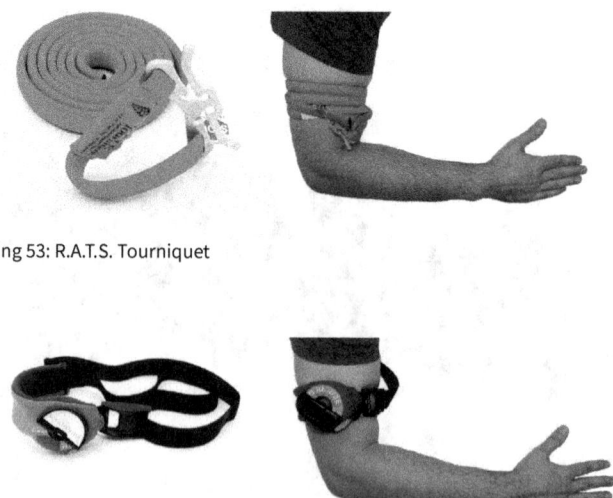

Abbildung 53: R.A.T.S. Tourniquet

Abbildung 54: M.A.T. Mechanical Advantage Tourniquet

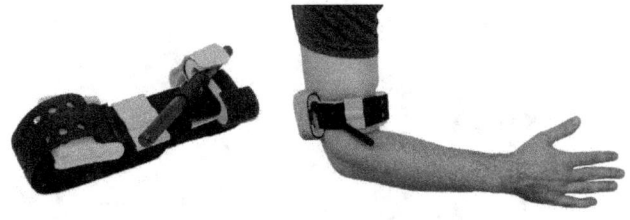

Abbildung 55: SAM Tourniquet

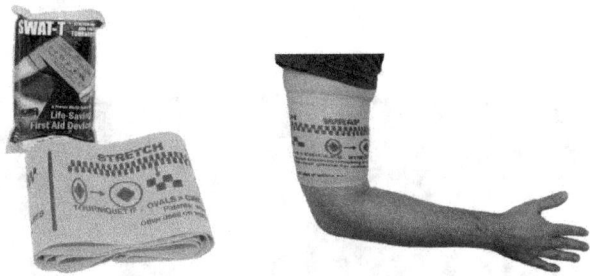

Abbildung 56: SWAT-T Tourniquet, speziell für den Wassereinsatz entwickelt

Hämostyptika – medikamentöse Blutstillung
Hämostyptika werden in Form von mit Medikamenten behandelten Verbänden oder als Granulat vertrieben. Beide Varianten sollen in der Wunde die Blutgerinnung beschleunigen und so die Blutung stoppen. Es kommen unterschiedliche Präparate mit unterschiedlichen Wirkungsweisen zum Einsatz. Alle haben Vor- und Nachteile. Gerade bei Verletzungen am Körperstamm oder am Hals, bei denen die direkte Kompression der Wunde oder der Einsatz eines Tourniquets nicht möglich ist, können diese Mittel einen bedrohlichen Blutverlust verhindern.

Bei dem Einsatz von Hämostyptika ist darauf zu achten, dass die Wundhöhle komplett mit dem Mittel ausgefüllt werden muss. Der eingebrachte Wirkstoff muss dann mit einem Verband in der Wunde fixiert und die Wunde verschlossen werden. Alle Produkte benötigen zur korrekten Wirkung ca. 1 bis 5 Minuten direkten, manuellen Druck. Bei bestimmten Produkten (z. B. QuikClot) ist zusätzlich die nicht unwesentliche Wärmeentwicklung zu beachten.

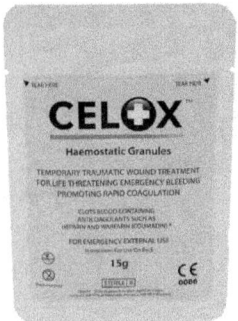
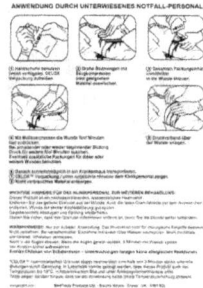

Abbildung 57: CELOX® Hämostatisches Granulat zum Einstreuen in die Wunde

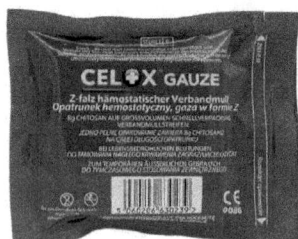
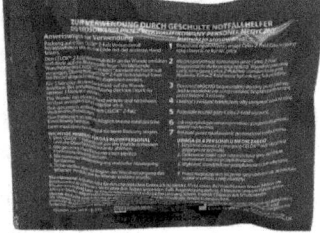

Abbildung 58: CELOX® Gauze, blutstillender Verband

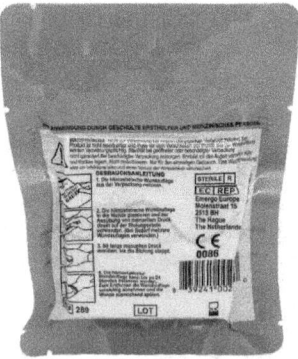

Abbildung 59: QuikClot® Gauze, blutstillender Verband

Bei der Versorgung von blutenden Wunden muss immer eine Verhältnismäßigkeit zwischen den eingesetzten Mitteln und der Bedrohlichkeit der Blutung gewahrt werden. Bagatellverletzungen werden erst bei der spätereren Abarbeitung des (C-)ABCDE-Schemas behandelt. In dem bereits erklärten vorangestellten Punkt „C" des (C-)ABCDE-Schemas geht es ausschließlich um stark blutende, lebensbedrohliche Wunden. Eine Abgrenzung und Handlungsempfehlung ist in der folgenden Abbildung gezeigt.

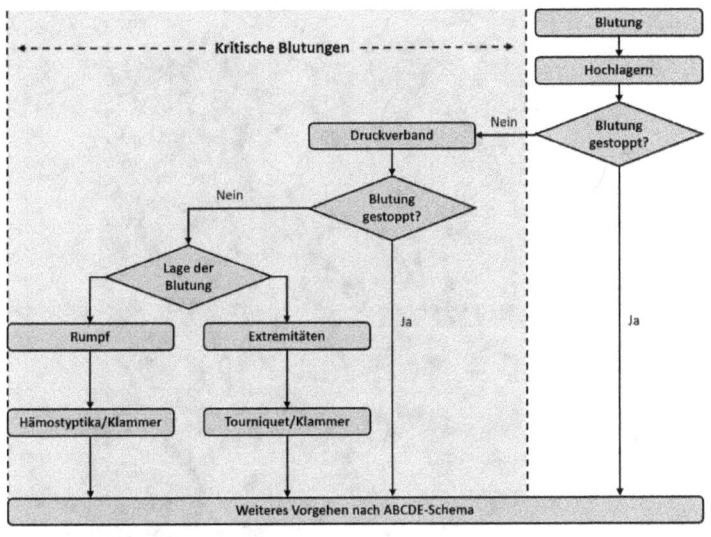

Abbildung 60: Handlungsempfehlung bei der Wundversorgung

5.4 „A" – Airway (Atemweg)

Ein „A"-Problem kann ausgeschlossen werden, wenn der Betroffene bei Bewusstsein ist und ohne Einschränkungen sprechen kann. Es kann dann unmittelbar mit der Abarbeitung von Schritt „B" des Schemas begonnen werden.

Bemerken die Helfer plötzlich einsetzenden Husten, einsetzende Atemgeräusche (wie Pfeifen, Rasseln, Keuchen), sprachliche Einschränkungen, schwere Atemnot, Würgen, Heiserkeit, Nach-Luft-Schnappen sowie eine plötzliche Blauverfärbung der Haut des wachen Betroffenen, handelt es sich sehr wahrscheinlich um eine Verlegung der Atemwege durch Fremdkörper. Die erste Maßnahme sind energische Schläge zwischen die Schulterblätter des Betroffenen. Diese Schläge sollen Hustenstöße auslösen, die den Fremdkörper aus den Atemwegen befördern.

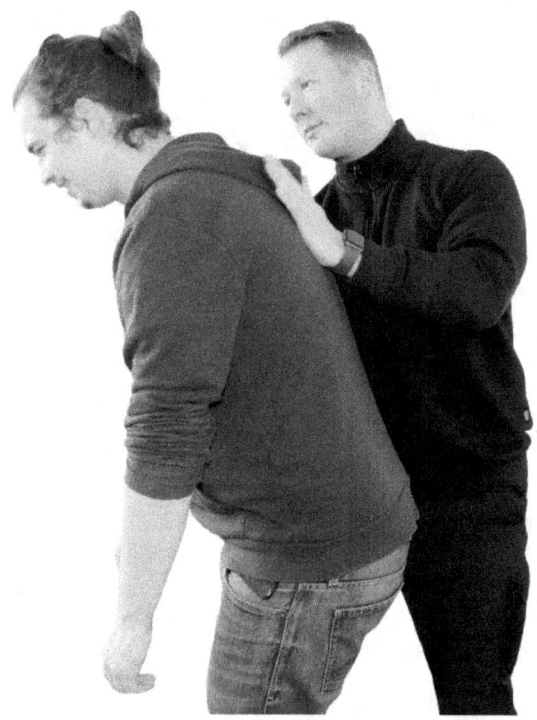

Abbildung 61: Schläge zwischen die Schulterblätter

Führen die Schläge auf den Rücken nicht zu dem gewünschten Erfolg, bleibt dem Ersthelfer nur das sogenannte Heimlich-Manöver. Der Helfer stellt sich hinter den Betroffenen und umfasst mit beiden Armen dessen Oberkörper. Die beiden Hände liegen unterhalb der Rippen und des Brustbeins auf der Höhe der Magengrube. Dabei soll der Brustkorb selbst nicht zusammengedrückt werden. Durch ruckartiges, kräftiges Ziehen nach hinten (zu seinem Körper) kommt es in den Lungen zu einer plötzlichen Druckerhöhung, die den

Fremdkörper aus der Luftröhre befördern soll. Das Manöver kann auch bei liegenden Personen (hinter der Person stehend, von oben) durchgeführt werden und sollte maximal fünfmal nacheinander zur Anwendung kommen. Da es durch den starken Druck auf die Organe zu inneren Verletzungen (Milzriss, Leberriss, Platzen von Aneurysmen, Rippenfrakturen, Magenverletzung) kommen kann, muss der Betroffenen nach der Anwendung des Heimlich-Manövers immer der ärztlichen Behandlung übergeben werden.

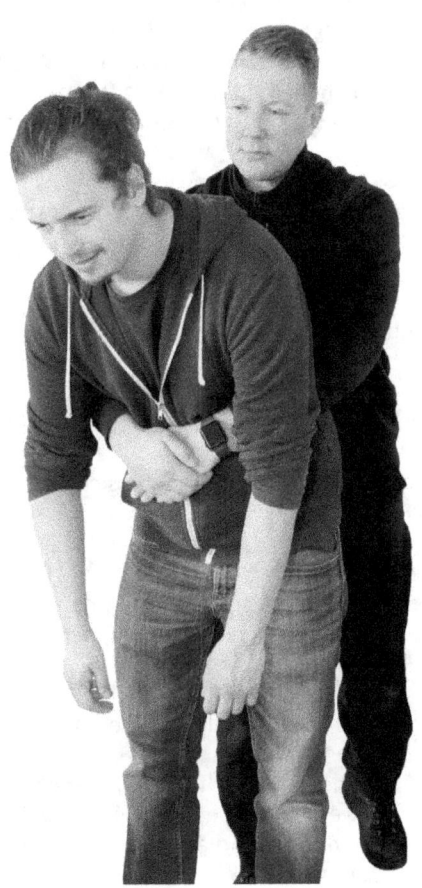

Abbildung 62: Heimlich-Manöver

Bei einer bewusstlosen Person erschlaffen sämtliche Muskeln im Körper, wobei der Herzmuskel prinzipiell nicht betroffen ist. Dadurch kommen alle Schutzreflexe wie das Husten, das Niesen, der Wimpernschlag und das Schlucken zum Erliegen. Am gefährlichsten ist jedoch die Kombination aus dem Erschlaffen des Zungenmuskels und des Ringmuskels über dem Mageneingang. Die Zunge wird dabei nicht, wie oft fälschlicherweise behauptet, verschluckt. Es fällt vielmehr der nicht sichtbare Teil des Zungenmuskels nach hinten in den Rachen und verschließt dabei den Atemweg. Durch das erwähnte Erschlaffen des Ringmuskels am Mageneingang kann Mageninhalt die Speiseröhre zurücklaufen und sich im Rachenbereich sammeln. Dieser kann dann eingeatmet werden, was aufgrund des fehlenden Hustenreizes zu weiteren Komplikationen im Verlauf des Notfalls führt. Deshalb kann man die Aussage treffen, dass jemand, der sich bewusstlos längere Zeit in Rückenlage befindet, ersticken wird.

Handelt es sich bei der bewusstlosen Person um einen Motorradfahrer, muss der Helm zwingend abgenommen werden. Solange der Helm aufgesetzt bleibt:

- ist eine effektive Überprüfung der Atmung nicht möglich (Sehen, Hören, Fühlen)
- ist ein Überstrecken des Kopfes nicht möglich (Atemwege öffnen)
- kann keine stabile Seitenlage hergestellt werden (Kopf liegt zu hoch)
- besteht die Gefahr, dass die Person sich in den Helm erbricht und das Erbrochene eingeatmet wird

Sollte der Betroffene noch wach und mit der Helmabnahme nicht einverstanden sein, muss unbedingt eine eventuell folgende Bewusstlosigkeit (z. B. starken Schmerzen) bedacht und die Person auf mögliche Folgen hingewiesen werden.

Vor der eigentlichen Abnahme des Helmes ist das Visier zu öffnen, eine eventuell vorhandene Brille zu entfernen und der Verschluss zu öffnen. Das Gurtband kann auch mit einer kräftigen Notfallschere durchgeschnitten werden. Messer oder Scheren mit spitzen Klingen eignen sich dafür nicht, da die Gefahr der Verletzung für den Betroffenen zu groß ist.

  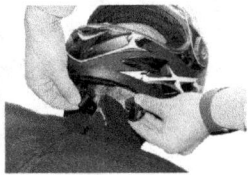

Abbildung 63: Vorbereitungen zur Helmabnahme

Im Idealfall stehen für die Helmabnahme zwei Helfer zur Verfügung. Dabei stabilisiert ein Helfer den Kopf mit seinen Händen im Nacken der bewusstlosen Person, während der zweite Helfer langsam den Helm abnimmt. Der Helfer, der den Kopf des Betroffenen stabilisiert, sollte auf eventuelle Auffälligkeiten wie hervorstehende Knochenteile im Nacken der verletzten Person oder Blut an seinen Händen achten. In diesen Fällen ist von einer wahrscheinlichen Verletzung der Halswirbelsäule auszugehen und jede unnötige Bewegung des Betroffenen zu vermeiden. Wenn der Helm komplett abgenommen wurde, wird der Kopf vorsichtig abgelegt.

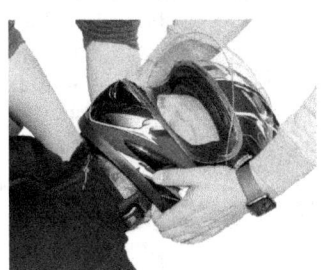 

Abbildung 64: Helmabnahme mit zwei Helfern

Steht für die Helmabnahme nur ein Helfer zur Verfügung, wird der Helm mit beiden Händen über die Nasenspitze hinwegbewegt. Ist dieses Hindernis genommen, kann der Helm mit einer Hand abgenommen werden. Die andere Hand stabilisiert dabei den Kopf der betroffenen Person und legt diesen zum Schluss vorsichtig auf den Boden ab.

Die beschriebene Vorgehensweise zum Abnehmen eines Motorradhelms kann äquivalent auch bei der Abnahme eines Arbeitsschutzhelms angewandt werden.

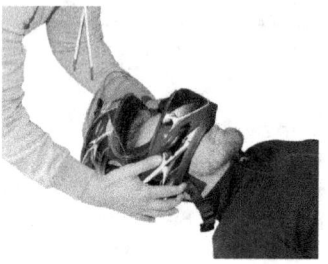
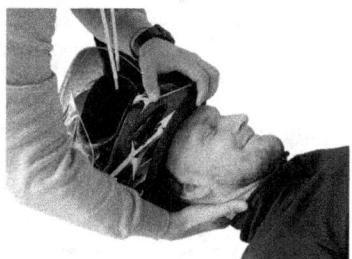

Abbildung 65: Helmabnahme mit einem Helfer

Um in der weiteren Abarbeitung des (C-)ABCDE-Schemas eine eventuell vorhandene Atmung überprüfen zu können, müssen die Atemwege auf Durchlässigkeit kontrolliert werden. Der erste Blick sollte dabei offensichtlichen äußeren Beeinträchtigungen der Atemwege gelten, z. B. durch strangulierende Materialien. Anschließend wird der Mundraum des Betroffenen auf Erbrochenes oder sichtbare Fremdkörper (z. B. Zahnprothesen) kontrolliert. Nach Möglichkeit sollte das Entfernen von Fremdkörpern aus dem Mundraum nicht mit den eigenen Händen erfolgen. Es besteht das Risiko von schweren, ungewollten Bissverletzungen durch den Betroffenen. Besser sind Hilfsmittel wie eine Magillzange oder die Nutzung der Finger des Betroffenen.

Abbildung 66: Magillzange

Sind keine äußeren Einflüsse erkennbar oder Fremdkörper im Mundraum vorhanden, muss der Verschluss der Atemwege durch den Zungenmuskel verhindert werden. Das kann durch einfaches Überstrecken des Kopfes in den Nacken erreicht werden. Dadurch werden Unterkiefer sowie Zungengrund angehoben, nach vorne geschoben und die Atemwege wieder freigegeben. Da Kinder eine andere Anatomie als Erwachsene besitzen, ist gerade bei kleinen Kindern der Kopf in eine Art „Schnüffelstellung" zu bringen. Bei einem deutlichen Überstrecken des Kopfes von Kindern kann es sonst zu gegenteiligen Ergebnissen kommen.

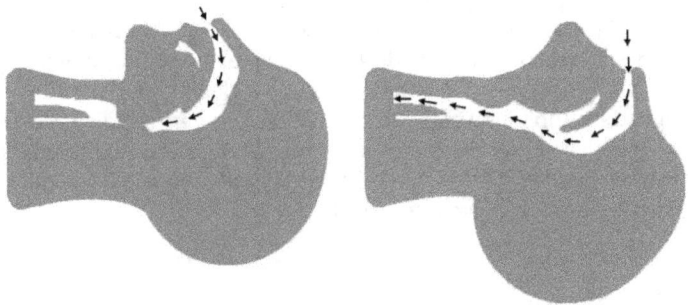

Abbildung 67: Öffnen der Atemwege durch Überstrecken des Kopfes

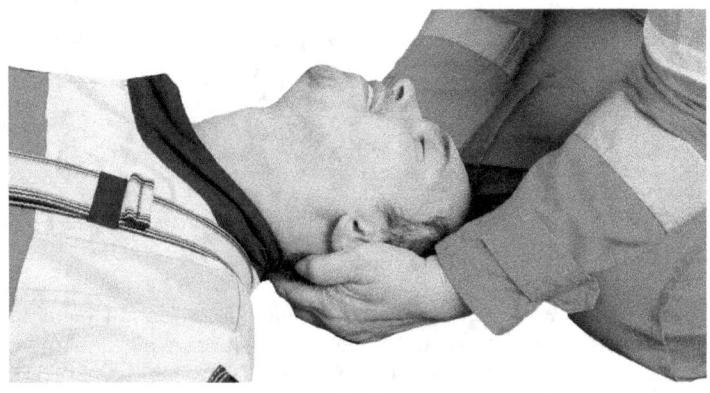

Abbildung 68: Lebensrettender Handgriff – Überstrecken des Kopfes

Sollte bei dem Betroffenen noch eine selbstständige Atmung vorhanden sein, wird die Atmung jetzt spür- und hörbar wieder einsetzen. Ist die Person nach dem Einsetzen der Atmung nicht ansprechbar, muss sie in die stabile Seitenlage gebracht werden. Nur so können weitere Komplikationen (wie z. B. ein erneutes Verlegen der Atemwege, Einatmen von Körperflüssigkeiten oder Erbrochenem) verhindert werden. Für den Wärmeerhalt in der stabilen Seitenlage wird die Rettungsdecke benutzt. Da die Rettungsdecke auch eine Isolierung zum Boden leisten soll, muss sie unter den Betroffenen gebracht werden und darf nicht einfach als Decke im Sinne von „zudecken" verwendet werden.

5.5   „B" – Breathing (Atmung/Herz-Lungen-Wiederbelebung)
Ist der Betroffene ansprechbar und konnte ein „A"-Problem ausgeschlossen bzw. beseitigt werden, kann der Person die Atmung durch spezielle Positionen erleichtert werden. Im Idealfall sind die auf der folgenden Abbildung gezeigten Positionierungen möglich. Dabei darf aber kein Risiko weiterer Verletzungen durch Sturz eingegangen werden. Die betroffene Person ist folglich niemals unbeaufsichtigt zu lassen und vor Stürzen zu bewahren.

Abbildung 69: Atemerleichternde Positionen

In der Regel wird der Betroffene in einer Notsituation nicht in der Lage sein, sitzende oder stehende Positionen einzunehmen, sondern eine liegende Lagerung vorziehen. Die Gefahr von Stürzen kann dabei ausgeschlossen werden. In der liegenden Position kann die Atmung sowie das Abhusten von Sekret durch eine

Oberkörperhochlagerung erleichtert werden. Bei Atemnot werden die Arme zusätzlich hoch gelagert, da dies den Brustkorb weitet und die Atemmuskulatur unterstützt. Eine Rolle (z. B. Decke) unter den Knien trägt zur Entspannung der Bauchmuskulatur bei und damit auch zur Erleichterung der Atmung.

Ist der Betroffene nicht ansprechbar und sind eventuelle „A"-Probleme behoben, muss umgehend die Atmung kontrolliert werden. Eine aussagekräftige Atemkontrolle ist nur mit korrekt überstrecktem Kopf möglich und erfolgt mit allen Sinnen des Ersthelfers – Sehen, Hören, Fühlen. Dazu beugt man sich mit seinem Ohr möglichst dicht über den Kopf des Betroffenen mit Blick über dessen Brustkorb. Atemzüge sind jetzt an der Wange zu spüren bzw. sind Bewegungen des Brustkorbs zu sehen oder gar Atemgeräusche zu hören. In einem Arbeitsumfeld der Windenergie ist diese Vorgehensweise oft wenig effektiv. Laute Umgebungsgeräusche, kräftiger Wind oder dicke Arbeits- und Schutzbekleidung verhindern eine eindeutige Aussage über eine vorhandene Atmung. In diesen Situationen hilft es, die Hand auf den unteren Rippenbogen zu legen, um eventuelle Bewegungen des Bauchs bzw. des Brustkorbs zu spüren. Dieser Handgriff ersetzt keine der oben genannten Sinneswahrnehmungen, liefert aber zusätzliche Informationen und kann auch bei halb offener, dicker Arbeitskleidung durchgeführt werden.

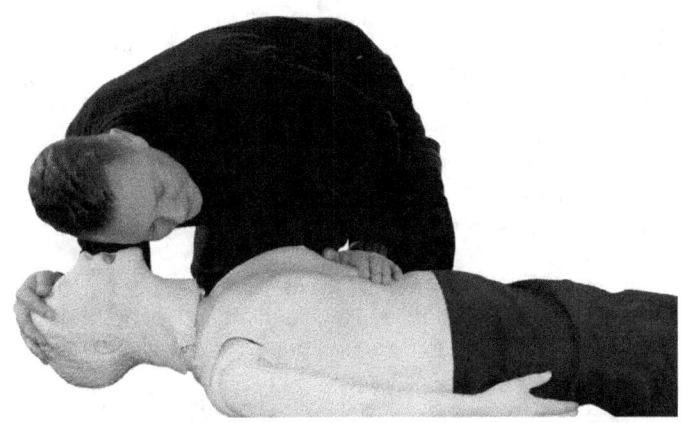

Abbildung 70: Überprüfung der Atmung mit zusätzlicher Hand auf dem Brustkorb

Die Atmung sollte maximal für 10 Sekunden überprüft werden. Für eine intakte Atmung sollten in diesem Zeitraum mindestens 3 adäquate Atemzüge festgestellt werden. Gerade bei herzseitigen Ursachen des Atemstillstandes besteht die Gefahr, eine Schnappatmung als Eigenatmung des Betroffenen zu interpretieren. Unter Schnappatmung versteht man krampfartige Kontraktionen des Zwerchfells, die allerdings nicht zu einer ausreichenden Versorgung der Lungen mit Umgebungsluft führen. **Bestehen Unsicherheiten bei der Atemkontrolle, muss bei einer bewusstlosen Person immer von einer nicht vorhandenen Atmung ausgegangen werden.**

Wenn der Betroffene nachweislich eine Atmung hat, kann es viele Gründe für die Bewusstlosigkeit geben. Letztendlich ist eine Bewusstlosigkeit immer das Ergebnis einer Unterversorgung des Gehirns mit Blut und Sauerstoff. Der Körper reagiert darauf und versucht – unabhängig von der eigentlichen Ursache – zur besseren Blutverteilung eine horizontale Lage herzustellen. Ursachen für die Unterversorgung des Gehirns können u. a. starker Blutverlust, Herzfunktionsstörungen, Medikamentenunverträglichkeiten und Gifte sein. Bei vorhandener Atmung wird selbstverständlich auf die im Folgenden behandelte Reanimation verzichtet und direkt zum Schritt „C" übergegangen.

Die Ursache für eine fehlende Atmung ist immer der Ausfall lebenswichtiger Funktionen des Körpers, wie z. B. des Blutkreislaufs oder der Hirnfunktion. Da eine fehlende Atmung in jedem Fall unmittelbar zum Tod führt, ist eine Person ohne Atmung immer als reanimationspflichtig anzusehen. Diese konsequente Aussage hat man in der gesamten Erste-Hilfe-Ausbildung übernommen, da Studien mehrfach den Zusammenhang zwischen einer möglichst frühzeitig einsetzenden Reanimation und der Überlebenschance des Betroffenen belegt haben. Mit jeder Minute ohne Reanimation sinken die Überlebenschancen des Betroffenen um ca. 10 %.

Die Erste-Hilfe-Richtlinien des ERC fordern nicht nur einen unverzüglichen Beginn der Reanimation, sondern auch eine Reduzierung der „Hands-off-Time", d.h. der Zeit ohne Brustkorbkompressionen. Wenn man diese Leitgedanken konsequent in der Praxis umsetzt, bedeutet das für einen einzelnen Helfer, dass er in der Regel eine Reanimation ohne zusätzliches Equipment (z. B. AED,

Beatmungsbeutel) durchführen muss. Da dieses nicht ständig mitgeführt wird, würde die Zeit zum Heranschaffen des Equipments gegen die Zeit ohne Kreislauf bei dem Betroffenen stehen und somit sehr wahrscheinlich eine unnötige Schädigung der Person herbeiführen. Sind zwei oder mehrere Helfer vor Ort, obliegt die Organisation der benötigten Materialien ihnen – während ein Helfer unverzüglich mit den lebensrettenden Maßnahmen beginnt.

Die Reanimation setzt sich aus Beatmung und Herzdruckmassage zusammen. Durch äußeren Druck auf das Brustbein wird das Herz gegen die Wirbelsäule komprimiert und das Blut aus dem Herzen in die Gefäße ausgestoßen. Wird der Brustkorb entlastet, füllt sich das Herz wieder mit Blut. Durch die rhythmische Wiederholung dieses Ablaufs wird bei dem Betroffenen ein behelfsmäßiger Blutkreislauf erzeugt. Die beschriebene Kompression des Herzens funktioniert nur auf festen Untergründen, da die Wirbelsäule sonst in den Untergrund gedrückt wird und nicht genügend Widerstand leisten kann. Der Brustkorb muss für die Herzdruckmassage entkleidet werden. Anderenfalls es kann zu unnötigen Verletzungen durch Kleidungsstücke sowohl bei der verletzten Person als auch beim Helfer kommen oder die korrekte Durchführung der Herzdruckmassage kann beeinträchtigt werden.

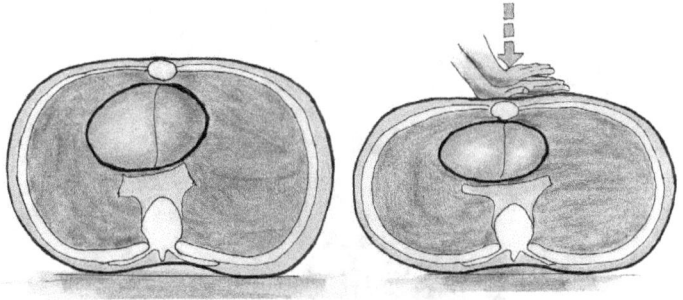

Abbildung 71: Kompression des Herzens gegen die Wirbelsäule

Der korrekte Druckpunkt befindet sich in der Mitte des Brustkorbs auf dem Brustbein:

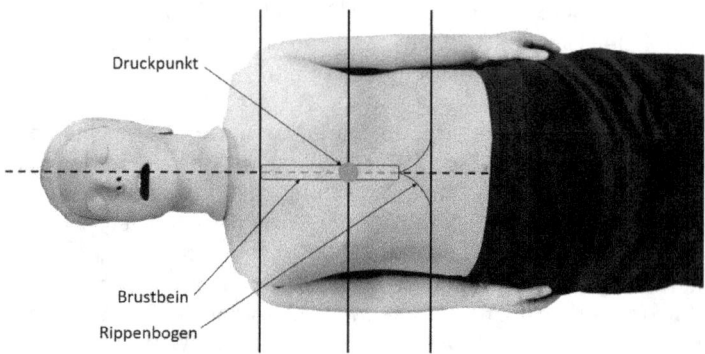

Abbildung 72: Korrekter Druckpunkt für die Herzdruckmassage

Auf diesen Punkt wird der Handballen der einen Hand des Helfers gelegt. Die andere Hand wird zur Unterstützung und zur besseren Kraftübertragung auf die erste Hand gelegt. Die notwendige Kraft kommt aus dem Gewicht des eigenen Oberkörpers und nicht aus den Armmuskeln. Dazu ist eine möglichst senkrechte Haltung der Arme notwendig.

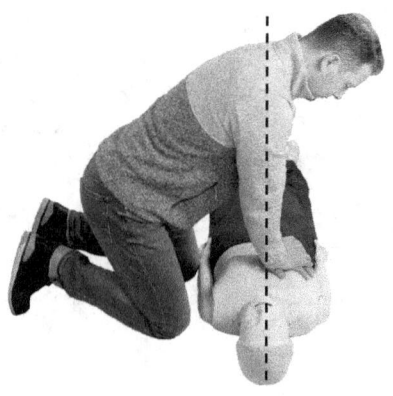

Abbildung 73: Richtige Haltung und Schwerpunkt bei der Herzdruckmassage

Der Brustkorb wird nun 30-mal kräftig ca. 6 cm tief heruntergedrückt. Damit sich das Herz zwischen den Kompressionen wieder komplett mit Blut füllen kann, muss der Brustkorb jedes Mal vollständig entlastet werden. Die Frequenz soll zwischen 100 und 120 Kompressionen in der Minute betragen. Da diese Geschwindigkeit oft unterschätzt wird, kann man sich gut an den Beats einiger populärer Musiktitel (z. B. Bee Gees „Stayin' Alive" oder ABBA „Dancing Queen") orientieren.

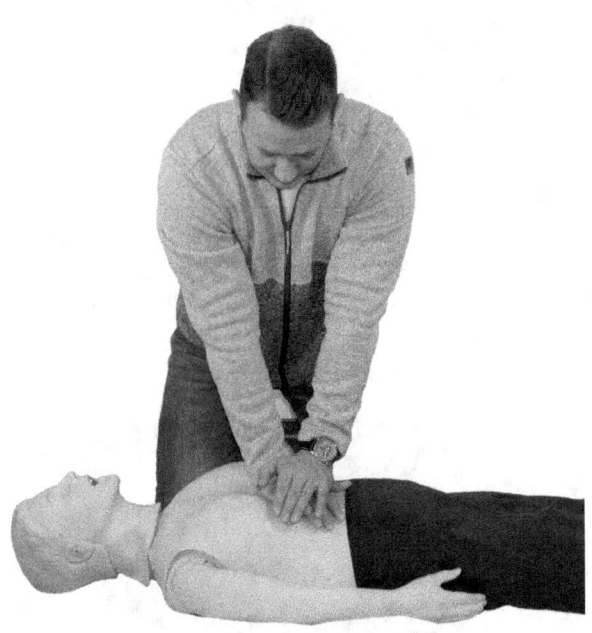

Abbildung 74: Herzdruckmassage mit einem Helfer von der Seite

Nach den 30 Kompressionen sollen zwei Beatmungen erfolgen. Ein einzelner Helfer ohne zusätzliches Equipment hat normalerweise nur die Möglichkeit der Mund-zu-Mund- oder Mund-zu-Nase-Beatmung. Das Risiko, dass der Helfer sich bei diesen Formen der Beatmung mit ansteckenden Krankheiten (z. B. HIV oder Hepatitis) infiziert, ist sehr gering. Außerdem kann das Risiko durch die Mund-zu-Nase-Beatmung weiter minimiert werden.

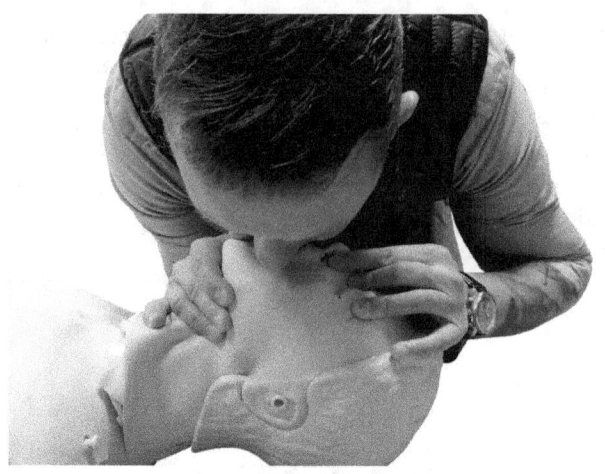

Abbildung 75: Mund-zu-Mund-Beatmung

Damit die eingeblasene Luft nicht durch die Nase des Betroffenen entweichen kann, muss diese bei der Mund-zu-Mund-Beatmung zugehalten werden. Bei der Mund-zu-Nase-Beatmung muss dann folgerichtig der Mund der reanimationspflichtigen Person zugehalten werden.

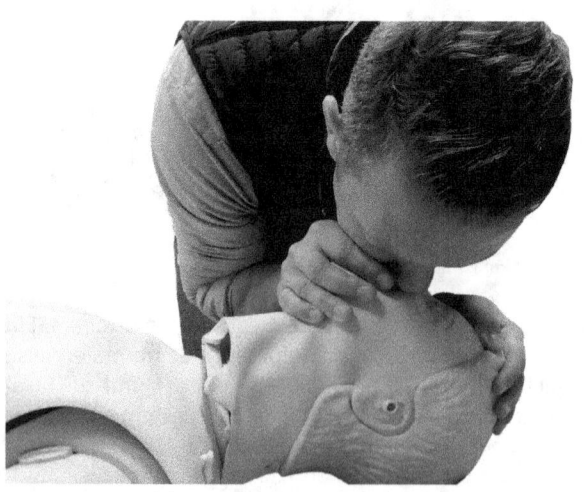

Abbildung 76: Mund-zu-Nase-Beatmung

Für die Beatmungen, egal ob mit oder ohne zusätzliches Equipment, muss die Herzdruckmassage unterbrochen werden. Eine erfolgreiche Atemspende ist an dem sich deutlich hebenden Brustkorb des Betroffenen zu erkennen. Dabei ist die bereits erwähnte Forderung nach einer möglichst kleinen „Hands-off-Time" zu beachten. Die beiden Beatmungen sind deshalb zügig nacheinander durchzuführen. Sollten die Beatmungen – aus welchem Grund auch immer – nicht erfolgreich verlaufen, ist von weiteren, voraussichtlich ebenfalls erfolglosen Beatmungsversuchen abzusehen und ein neuer Versuch erst nach weiteren 30 Kompressionen vorzunehmen. Die Gefahr bei allzu kraftvollen oder übermäßig großen Atemspenden ist die „Beatmung" des Magens. Gelangt Atemluft in den Magen, versucht dieser den Überdruck auf dem gleichen Weg abzubauen. Die Folge ist dann Erbrechen, was wiederum zu weiteren Komplikationen und Unannehmlichkeiten führen kann.

Außer dem bereits erwähnten Infektionsrisiko gibt es auf der Seite des Ersthelfers oft viele weitere Gründe (z. B. Ekel vor Blut und Erbrochenem) den direkten Körperkontakt mit dem Betroffenen zu vermeiden. Da dem Körper in den ersten 10 Minuten nach einem Kreislaufstillstand nicht der Sauerstoff, sondern hauptsächlich der Blutfluss fehlt, hat hier die Herzdruckmassage Priorität vor der Beatmung und wird dann ohne Atemspende durchgeführt.

Bei zwei oder mehr Helfern besteht der große Vorteil, dass ein Helfer vor seiner Mithilfe zusätzliches Material (z. B. Beatmungshilfen, AED) zum Ort des Geschehens bringen kann. Der andere Ersthelfer beginnt nach dem im vorhergehenden Absatz geschilderten Algorithmus die Reanimation und wird später entsprechend von weiteren Helfern unterstützt bzw. abgelöst. Sollte in der unmittelbaren Umgebung und in adäquater Zeit kein zusätzliches Equipment erreichbar sein, unterstützt der zweite Helfer die Reanimation und übernimmt die Beatmung des Betroffenen. Dazu positioniert er sich gegenüber dem ersten Helfer am Kopf der betroffenen Person.

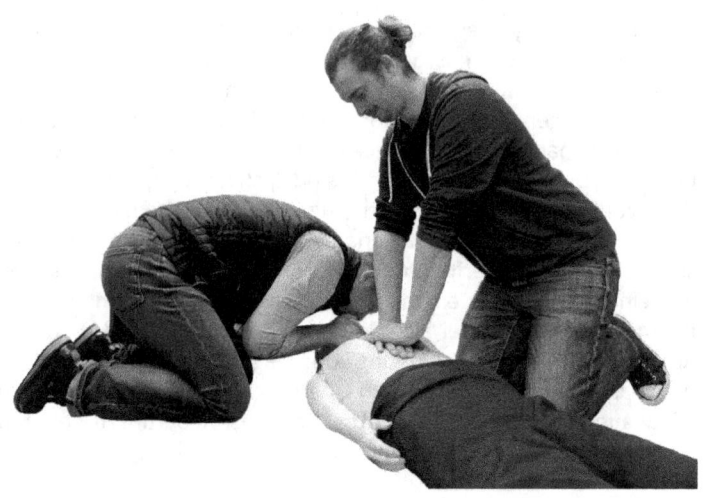

Abbildung 77: Herz-Lungen-Wiederbelebung mit zwei Helfern

Mehrere Helfer sollten sich alle zwei Minuten bei der Herzdruckmassage abwechseln, da diese bei korrekter Durchführung sehr anstrengend ist und die Qualität (Drucktiefe, Frequenz) der Kompressionen schnell abnimmt. Auf 30 Kompressionen folgen, genau wie bei der Reanimation durch einen Helfer, 2 Beatmungen. Allerdings sollte der Helfer, der die Herzdruckmassage durchführt, die letzten 5 Kompressionen laut einzählen. So hat der zweite Helfer entsprechend viel Zeit, sich auf die folgenden Beatmungen einzustellen. Während des Positionswechsels wird auf einen Beatmungsdurchgang verzichtet. Der zweite Helfer übernimmt von der gegenüberliegenden Seite möglichst übergangslos die Herzdruckmassage.

Die Reanimation muss bis zum Wiedererlangen des Bewusstseins, dem Wiedereinsetzen der Atmung oder dem Eintreffen professioneller Rettungskräfte ohne Unterbrechungen fortgesetzt werden.

Oft wiederholte Behauptungen, dass durch die Herzdruckmassage Rippen brechen und in der Folge innere Organe verletzen können, sind falsch. Die Rippen brechen in der Regel nicht, sondern reißen an den Knorpelstellen vom Brustbein ab. Ein solcher Abriss kommt bei rund 60 % aller Herzdruckmassagen vor und ist abhängig vom Alter des Betroffenen.

Mit fortschreitendem Alter verkalken diese Knorpelstellen und damit steigt auch die Wahrscheinlichkeit, dass sie den Belastungen der Kompression nicht standhalten.

Der größte Feind einer erfolgreichen Reanimation ist die gestörte Weiterleitung der elektrischen Impulse am Herzen. Man spricht dann von einem Kammerflimmern – einem Zustand, bei dem ungeordnete elektrische Signale im Muskelgewebe des Herzens gebildet werden, sodass die Herzkammern „flimmern", statt geordnet zu kontrahieren. Ein normaler Herzschlag hat eine Frequenz von 60 bis 80 Schlägen pro Minute. Beim Kammerflimmern kann diese Frequenz auf bis zu 800 Schläge pro Minute ansteigen. Das Problem ist einerseits, dass durch diese massive Erhöhung der Schlagfrequenz der Herzmuskel geschädigt wird und anderseits, dass das Herz in diesem Zustand kein Blut in den Kreislauf pumpt. Genau dieses Kammerflimmern ist eine der häufigsten Ursachen für einen Kreislaufstillstand. Die Ursache für das Kammerflimmern selbst findet sich in der Regel bei Erwachsenen in herzseitigen Erkrankungen (z. B. Herzinfarkt, koronare Herzkrankheit).

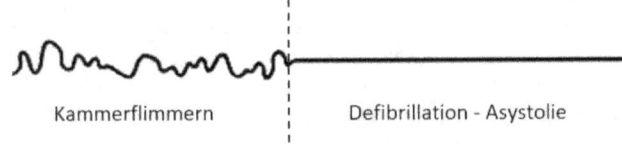

Kammerflimmern | Defibrillation - Asystolie

Abbildung 78: EKG während einer Defibrillation

Damit das Herz wieder im normalen Rhythmus schlagen kann, muss dieser Zustand schnellstmöglich beendet werden. Allerdings kann das Herz das nicht ohne äußere Hilfe. Die einzige wirksame Therapie besteht in der Abgabe eines elektrischen Stromimpulses, der durch das Herz fließt und es im besten Fall wieder in einen definierten Zustand versetzt. Nur dann besteht überhaupt eine Möglichkeit, dass das Herz wieder normal schlägt. Die Abgabe des Stromimpulses nennt man Defibrillation.

Im Bereich der Defibrillation durch Laien kommen ausschließlich Klebe-Elektroden zum Einsatz. Damit der Strom ungehindert durch den Körper fließen kann, befindet sich auf den Elektroden ein elektrisch leitendendes Gel. Die Elektroden werden so auf dem Körper positioniert, dass das Herz mitten im Stromfluss zwischen ihnen liegt.

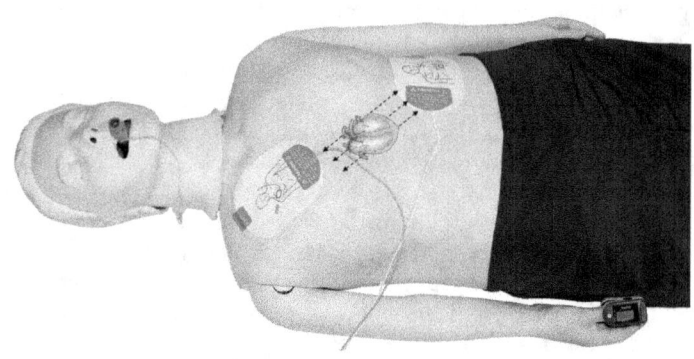

Abbildung 79: Platzierung der Elektroden

Da der Laie selbst mit geeignetem Equipment in der Regel nicht in der Lage ist, die Ursache für den Kreislaufstillstand zu erkennen, kann er natürlich auch keine Entscheidung über die Notwendigkeit einer Defibrillation treffen. Anderseits haben die Notfallmediziner bereits seit Langem erkannt, dass eine frühzeitige Defibrillation lebensrettend ist. Deshalb wurden für den Einsatz durch Ersthelfer selbstständig arbeitende Defibrillatoren entwickelt. Diese Geräte nennen sich automatische externe Defibrillatoren (AED). Sie nehmen dem Anwender die Entscheidung über eine möglicherweise notwendige Defibrillation ab und sind für den Einsatz am Arbeitsplatz geeignet (wasser- und stoßfest).

Es gibt im internationalen Umfeld vollautomatische AEDs, die nach der Analyse des Herzrhythmus und einer gesprochenen Warnung den Stromimpuls (Schock) selbstständig und ohne weiteres Zutun des Anwenders abgeben. Da bei der Defibrillation hohe Energie abgegeben wird, kann diese natürlich auch dem Ersthelfer gefährlich werden. Deshalb muss während der Defibrillation ein Sicherheitsabstand zu der betroffenen Person eingehalten werden. Dieser entspricht in etwa der Länge der an den Elektroden befestigten Kabel. Auch wenn der AED vor der Schockabgabe deutlich warnt, die betroffene Person nicht zu berühren, kann diese Warnung gerade in lauten Umgebungen schnell überhört werden. Besteht ungewollt Körperkontakt zwischen dem Betroffenen und dem Ersthelfer, besteht für den Helfer die Gefahr, selbst defibrilliert zu werden.

Innerhalb der Europäischen Union finden sich in der Regel nur halbautomatische Defibrillatoren. Diese Geräte lösen den Schock erst aus, wenn der Benutzer bewusst die Schocktaste drückt. Erkennt der AED keinen defibrillierbaren Herzrhythmus, wird die Taste zur Schockabgabe nicht freigegeben.

Abbildung 80: Verschiedene AEDs

Bei stark unterkühlten (unter 27 °C Körperkerntemperatur) Personen kann eine Defibrillation von pathophysiologischen Vorgängen im Körper nicht sicher funktionieren. Für den Ersthelfer ist das allerdings kein Grund, auf den Einsatz eines AED zu verzichten.

Der Ablauf der Reanimation wird durch den Einsatz des AED nur insofern verändert, als das diese für die Analyse des Herzrhythmus und die Schockabgabe unterbrochen wird. **Der AED ersetzt nicht die Herzdruckmassage!**

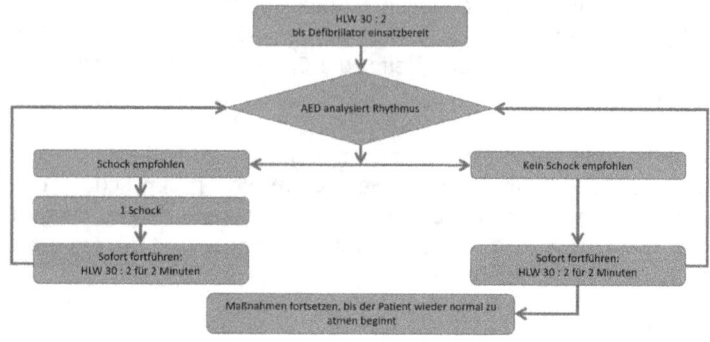

Abbildung 81: Ablauf Reanimation mit AED

Da der AED starke elektrische Impulse abgibt, sind bei dem Einsatz am Unfallort folgende Sicherheitsregeln zu beachten:

- Betroffenen bei Schockabgabe nicht berühren.
- Keine Defibrillation in nasser Umgebung.
- Keine Defibrillation auf leitenden Untergründen.
- Keine Defibrillation in explosionsgefährdeten Bereichen.

Laut den Erste-Hilfe-Richtlinien ist neben der Herzdruckmassage die Beatmung während der Reanimation ein wichtiger Faktor für ein positives Ergebnis der Wiederbelebung. Nur wenn die Beatmung für den Ersthelfer unzumutbar oder schlicht nicht durchführbar ist, ist eine Beschränkung auf die Herzdruckmassage möglich. Deshalb wurden für die Beatmung unterschiedlichste Hilfsmittel entwickelt.

Das einfachste und zudem sehr günstige Hilfsmittel ist das Beatmungstuch. Es wird dem Betroffenen über den Mund gelegt und verhindert somit den direkten Kontakt mit Blut und anderen Körperflüssigkeiten. Damit soll die Hemmschwelle für den Helfer herabgesetzt und eine eventuell bestehende Infektionsgefahr abgewendet werden. Da das Packmaß und das Gewicht des Beatmungstuchs in der Regel sehr gering sind, kann es als Schlüsselanhänger oder in der Geldbörse ständig mitgeführt werden. Es ist somit im Notfall sofort verfügbar.

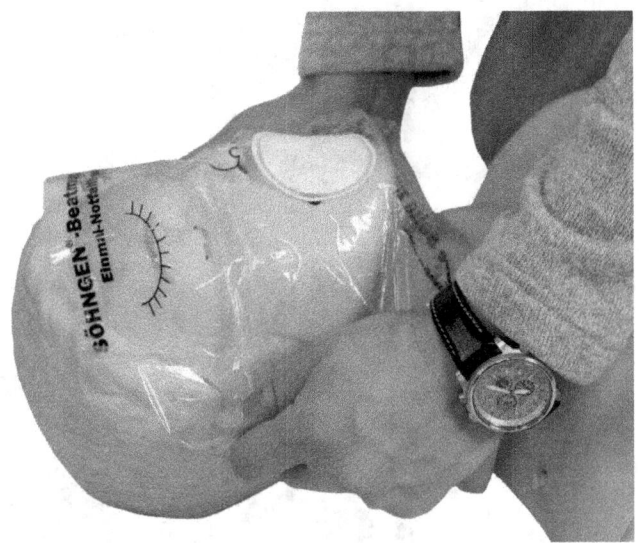

Abbildung 82: Hilfsbeatmung mit Beatmungstuch

Eine weiteres kostengünstiges Hilfsmittel zur Beatmung ist die Taschenmaske. Dabei handelt es sich um eine Beatmungsmaske, die dem Betroffenen über Mund und Nase gelegt wird. Das Zuhalten der Nase bzw. des Munds entfällt dabei, da beide Öffnungen gleichzeitig beatmet werden. Die Taschenmaske wird meist in einem handlichem Behälter geliefert und erleichtert die Beatmung. Der Helfer ist zusätzlich durch einen Filter vor Infektionen geschützt. Ein Ventil verhindert, dass die Ausatemluft des Betroffenen in den Mund des Helfers gelangt. Für das Mitführen am Schlüsselbund oder in der Tasche ist die Taschenmaske allerdings zu groß.

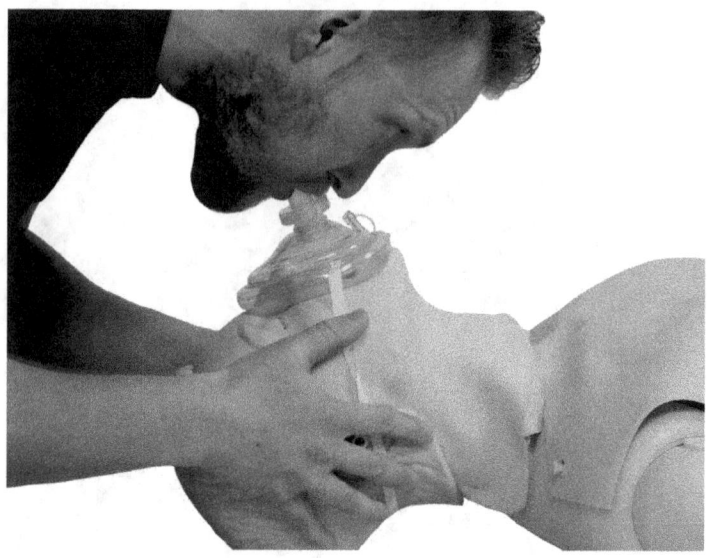
Abbildung 83: Hilfsbeatmung mit Taschenmaske

Um eine reanimationspflichtige Person beatmen zu können, müssen die Atemwege frei von Blut und anderen Körperflüssigkeiten sein. Diese können ansonsten bei der Beatmung in die Lunge geraten. Neben der eigentlichen Aspiration besteht vor allem bei Magensäure die Gefahr einer irreparablen Schädigung der Lunge.

Das Freimachen der Atemwege mithilfe einer mobilen Absaugpumpe ist daher oftmals die erste lebensrettende Maßnahme am Einsatzort. In Notfallsituationen sichert ein zuverlässiges Absauggerät das Überleben und ermöglicht dem Rettungsdienst überhaupt erst eine wirksame Beatmung des Patienten.

Eine Handabsaugpumpe hat ein kleines Packmaß und ein geringes Gewicht. Gerade für die Erstversorgung erfüllt sie problemlos ihren Zweck.

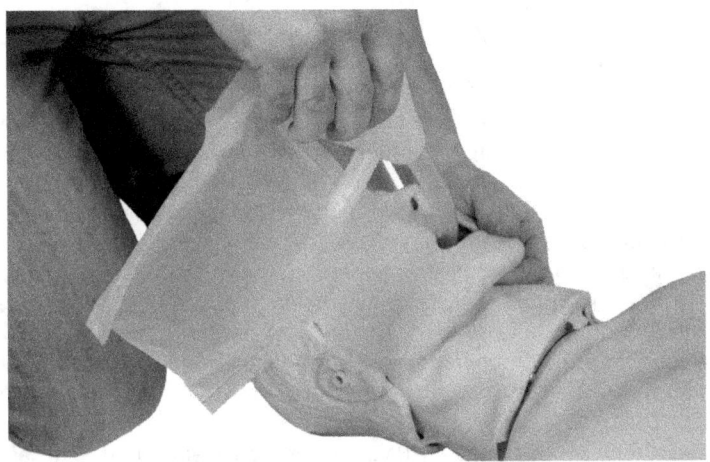

Abbildung 84: Handabsaugpumpe

Eine sehr effektive Alternative zur Handabsaugpumpe ist eine elektrische Absaugpumpe. Sie ist komfortabel in der Handhabung und besitzt eine hohe Saugleistung. Allerdings handelt es sich um ein Gerät, das seines hohen Gewichts und seiner Maße normalerweise nicht in einem Erste-Hilfe-Rucksack mitgeführt werden kann – zumal die integrierten Akkus regelmäßig geladen werden müssen.

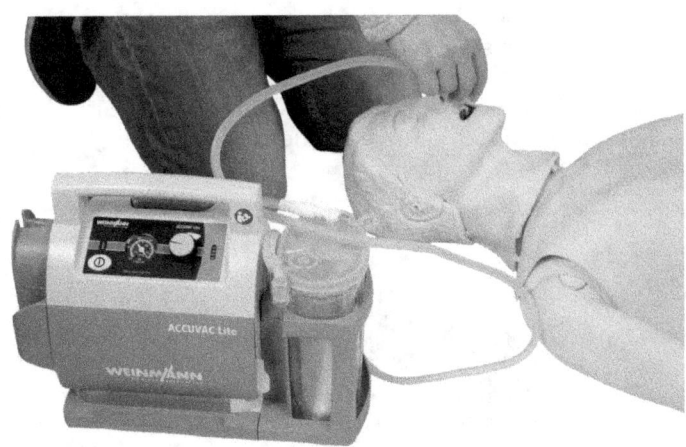

Abbildung 85: Absaugung mit batteriebetriebener Absaugpumpe

Bei den folgenden Beatmungshilfen handelt es sich um Hilfsmittel zur Atemwegssicherung. Das heißt, sie sollen den Atemweg für die spontane oder externe Beatmung sichern und eine Verlegung durch die Zunge oder das Einatmen von Blut und Erbrochenen verhindern. Diese Aufgabe erfüllen sie mit einer unterschiedlichen Zuverlässigkeit. Einen 100%igen Schutz bietet nur das Einführen eines Tubus in die Luftröhre des Betroffenen (endotracheale Intubation). Diese Form der Atemwegssicherung ist allerdings medizinischem Fachpersonal vorbehalten. Sollte der Betroffene während der Reanimation wieder das Bewusstsein erlangen und sich gegen die Beatmungshilfe wehren, ist diese zu entfernen. Generell gilt auch für das Beatmen mit einer Beatmungshilfe, dass immer in der Pause nach den 30 Kompressionen beatmet wird.

Der Guedel-Tubus liegt im Rachen des Betroffenen und soll das Zurückfallen des Zungenmuskels verhindern. Das Einsetzen des Guedel-Tubus ist einfach und schnell erlernbar. Es gibt unterschiedliche Größen des Tubus, die sich hauptsächlich in der Länge unterscheiden. Die richtige Tubuslänge entspricht dem Abstand zwischen Mundwinkel und Ohrläppchen des Betroffenen.

Nachteilig ist die schlechte Akzeptanz bei nur leicht bewusstlosen Personen, bei denen schnell der Würgereflex einsetzt, sodass es im schlimmsten Fall zum Erbrechen kommt. Deshalb sollte bei der Nutzung eines Guedel-Tubus immer an eine Möglichkeit zur Absaugung gedacht werden. Andererseits kann man die Aussage treffen, dass eine Person, die den Guedel-Tubus problemlos toleriert, tief bewusstlos ist. Der Guedel-Tubus bietet keinen Aspirationsschutz. Eine Kontraindikation für die Nutzung des Guedel-Tubus sind schwere Kieferverletzungen.

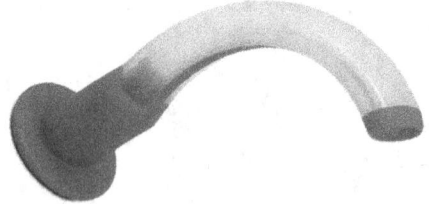

Abbildung 86: Guedel-Tubus

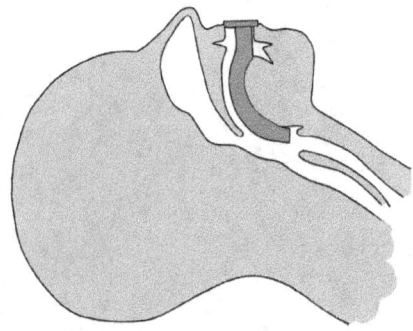

Abbildung 87: Lage des Guedel-Tubus in den Atemwegen

Zum Einführen des Tubus wird der Kopf des Betroffenen leicht nach hinten geneigt und sein Mund mit einem Griff von außen an den Unterkiefer geöffnet. Der Tubus wird nun mit dem dünnen Ende zum Gaumen hin eingeführt. Ab der halben Länge wird er mit weiterer Vorwärtsbewegung um 180 Grad gedreht. Das dünne Ende zeigt nun in Richtung Luftröhre.

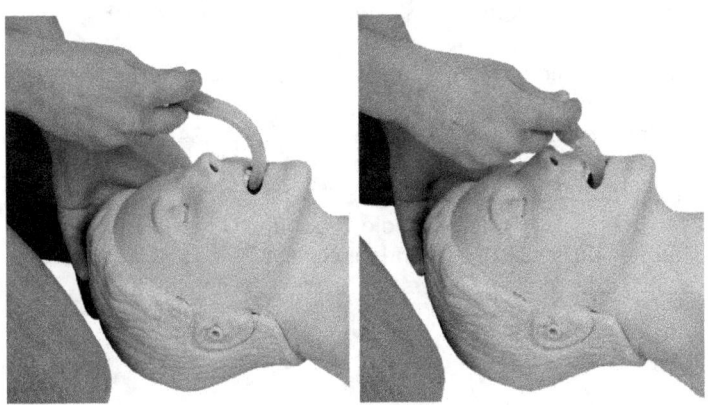

Abbildung 88: Einsetzen des Guedel-Tubus, Schritt 1 und 2

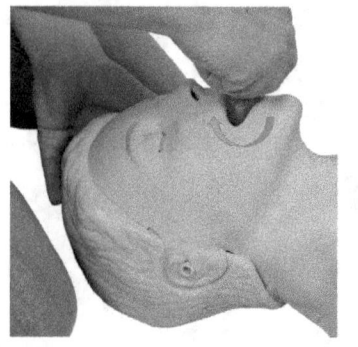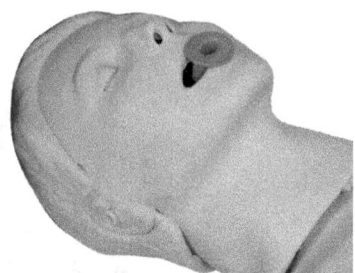

Abbildung 89: Einsetzen des Guedel-Tubus. Schritt 3 und 4

Ein weiterer Tubus, der wie der Guedel-Tubus im Rachen des Betroffenen liegt, ist der Wendl-Tubus. Der Tubus besteht aus weichem Gummi und wird über die Nase eingeführt. Er kommt hinter dem Zungenmuskel zu liegen und hält somit die Atemwege offen. Da der Tubus aus sehr weichem Material besteht, ist es günstiger, den leicht überstreckten Kopf des Betroffenen in seiner Position zu belassen. So schließt man aus, dass der Tubus abgeknickt und damit verschlossen wird. Der Wendl-Tubus wird bei noch vorhandenen Schutzreflexen der bewusstlosen Person in der Regel besser toleriert und löst seltener einen Würgereiz aus als der Guedel-Tubus.

Den Wendl-Tubus gibt es in verschiedenen Größen. Die Größe (Außendurchmesser) wird in der Einheit Charrière (CH) angegeben. Für Erwachsene sind Größen von CH 24 bis CH 34 üblich. Auch für die Länge gibt es unterschiedliche Werte. Üblich sind hier Längen für einen Erwachsenen zwischen 5,5 und 8,5 cm. Als Faustformel kann man sich merken, dass die Tubuslänge in etwa des Abstands zwischen Nasenspitze und Ohrläppchen und die Tubusdurchmesser der Dicke des kleinen Fingers des Betroffenen entspricht.

Abbildung 90: Wendl-Tubus

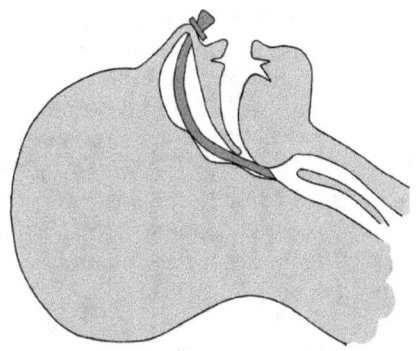

Abbildung 91: Lage des Wendl-Tubus in den Atemwegen

Das Einsetzen des Wendl-Tubus kann man mit etwas Gleitgel erleichtern. Im Notfall funktioniert auch der Speichel des Betroffenen. Dann wird die Nasenspitze etwas in Richtung Stirn gezogen und der Tubus in eines der Nasenlöcher langsam und ohne Kraftaufwand vorangeschoben. Das eventuell vorhandene bewegliche Schild kann zur Fixierung des Tubus genutzt werden, wenn dieser sich nicht mehr mühelos schieben lässt. Der Wendl-Tubus bietet keinen Aspirationsschutz. Kontraindikationen für den Einsatz des Wendl-Tubus sind offensichtliche Nasen- und Schädelbrüche.

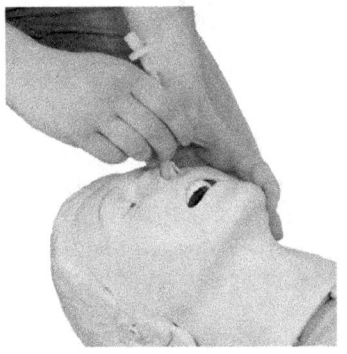
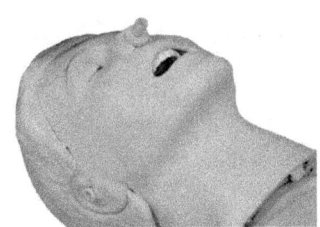

Abbildung 92: Einsetzen des Wendl-Tubus

Die Beatmung mit einem Beatmungsbeutel hat gegenüber der Mund-zu-Mund- oder Mund-zu-Nase-Beatmung viele Vorteile. Der wichtigste dürfte sicher der fehlende direkte Kontakt zwischen Helfer und betroffener Person sein. Der Beatmungsbeutel besteht aus einem Hohlkörper, der zur Beatmung zusammengedrückt wird. Am oberen Ende befindet sich ein genormtes Anschlussstück. An dieses kann je nach Bedarf eine Beatmungsmaske oder ein Tubus angeschlossen werden. Der Beatmungsbeutel verfügt über ein Überdruckventil, das dafür sorgt, dass überschüssige Luft abgeblasen wird und nicht in den Magen gelangt. Der Beatmungsbeutel kann hervorragend mit dem Guedel- oder dem Wendl-Tubus kombiniert werden. Dabei entfällt das Überstrecken des Kopfes des Betroffenen.

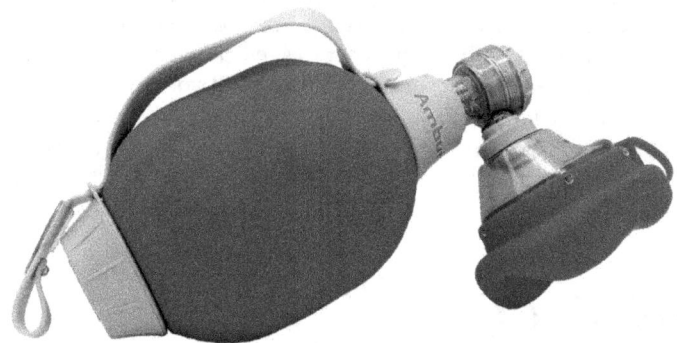

Abbildung 93: Beatmungsbeutel

Wenn der Beatmungsbeutel mit einer Beatmungsmaske genutzt wird, nutzt man den sogenannten C-Griff, um diese auf Mund und Nase des Betroffenen zu fixieren. Die anderen Finger halten den Kopf in der überstreckten Position – sofern kein Guedel- oder Wendl-Tubus eingesetzt wurde. In der auf dem folgenden Bild gezeigten Position (Helfer kniet am Kopfende des Betroffenen) kann auch mit den Knien ein leichter Druck ausgeübt werden, um die Atemwege durch überstrecken des Kopfes freizuhalten.

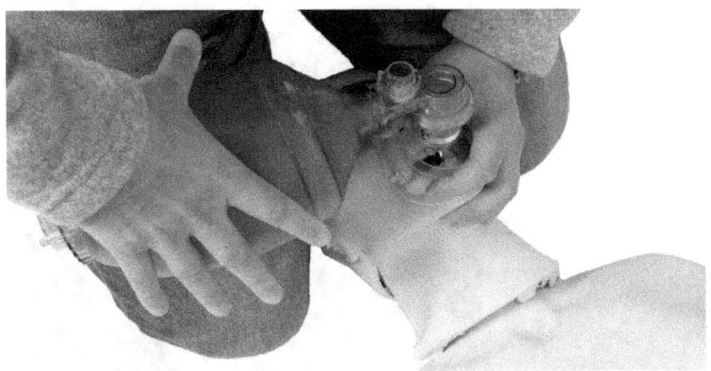

Abbildung 94: C-Griff

Wird der Beatmungsbeutel im Rahmen der Reanimation mit einem Helfer eingesetzt, empfiehlt es sich die Herzdruckmassage vom Kopfende der betroffenen Person aus durchzuführen. Die Kompressionen können auf diese Art mit einer Beutel-Beatmung kombiniert werden. Diese Kombination setzt ebenso wie der C-Griff etwas Übung in der Durchführung voraus und sollten deshalb regelmäßig Bestandteil von Erste-Hilfe-Trainingsszenarien sein.

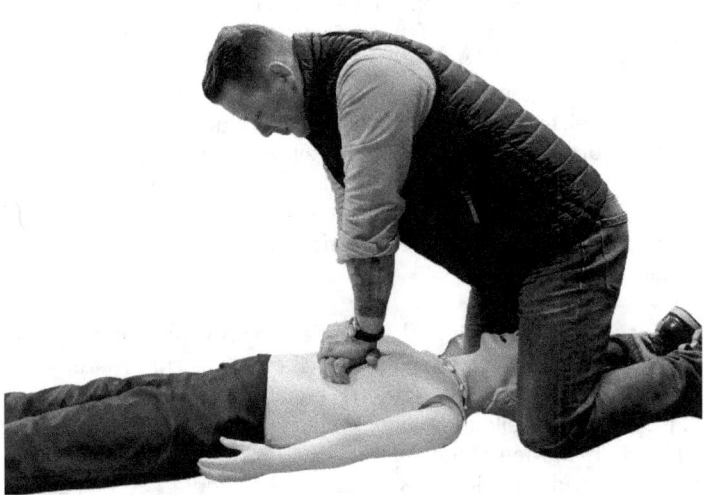

Abbildung 95: Herzdruckmassage mit einem Helfer vom Kopfende des Betroffenen

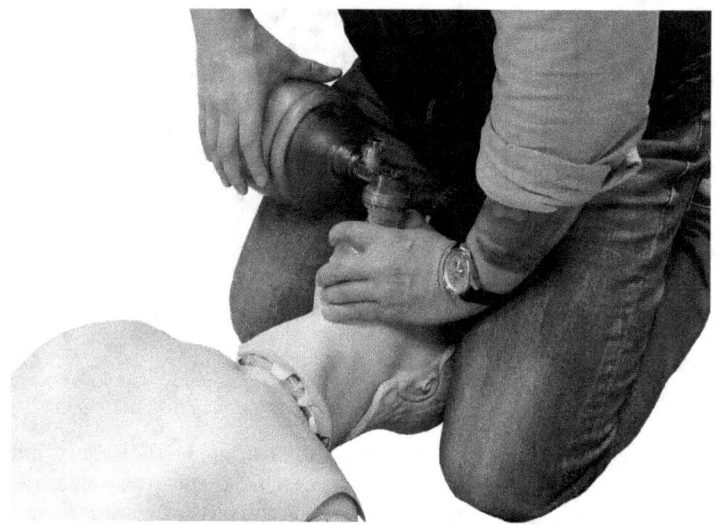
Abbildung 96: Beatmung mit einem Helfer vom Kopfende des Betroffenen

Den gesamten Bereich oberhalb der Stimmlippen bezeichnet der Mediziner als supraglottischen Bereich. Folglich trifft die Bezeichnung „supraglottische Beatmungshilfe" auf fast alle Hilfsmittel zur Sicherung der Atemwege zu. Die bereits erwähnten Guedel- und Wendl-Tuben zählen damit faktisch auch zu den supraglottischen Atemhilfen. In der Regel werden allerdings Beatmungshilfen als supraglottisch bezeichnet, die auf Höhe des Kehlkopfes im Atemweg liegen. Dieser Bereich wird medizinisch als Larynx bezeichnet. Der Kehlkopf ist beim Schlucken nach oben zum Rachenraum mit dem Kehlkopfdeckel verschlossen, damit keine Nahrung in die Luftröhre kommt. Diese Atemhilfsmittel haben den Vorteil, dass sie aufgrund ihrer Lage bis zu einem gewissen Grad eine Aspiration von Erbrochenem oder anderen Körperflüssigkeiten verhindern können.

Der i-gel®-Tubus ist eine abgewandelte Form der Larynxmaske. Da er keinen Cuff – eine aufblasbare Manschette zur Fixierung des Tubus in den Atemwegen – besitzt, bietet er gerade in schwierigen Einsatzlagen Vorteile gegenüber anderen Tuben. Ein Cuff muss mit Luft gefüllt werden (Zeitersparnis, extra Spritze), kann defekt sein oder während des Einsatzes versagen. Außerdem kann es bei zu stark gefüllten Cuffs zu Gewebeschäden bei der betroffenen Person kommen. Die Anwendung muss nur einmal grundsätzlich erklärt, aber nicht regelmäßig geübt werden, da das Einsetzen sich außerordentlich einfach gestaltet. Der Mund wird mit dem Griff an den Kiefer geöffnet und der Tubus bis zur Markierung für die Zahnreihe (mit der unteren Öffnung in Richtung Brust des Betroffenen) eingeführt. Er kann unmittelbar danach zur Beatmung genutzt werden.

Abbildung 97: i-gel®-Tubus

Den Tubus gibt es in verschiedenen Größen. Sie sind farblich gekennzeichnet und werden nach dem Gewicht des Betroffenen ausgewählt. Für erwachsene Personen eigenen sich die Größen 4 (50 bis 90 kg, grün) und 5 (90+ kg, orange).

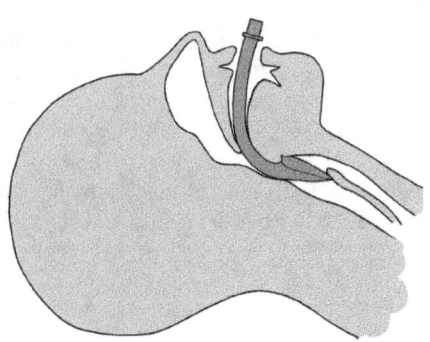

Abbildung 98: Lage des i-gel®-Tubus in den Atemwegen

Ein weiterer, häufig eingesetzter Tubus ist der Larynx-Tubus. Hier geht bereits aus dem Namen die für ihn vorgesehene Lage in den Atemwegen hervor. Genau wie der i-gel®-Tubus ist auch der Larynx-Tubus für Laien nach einer kurzen Einweisung einfach zu benutzen.

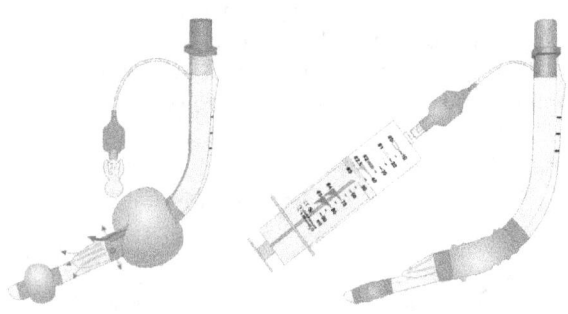

© VBM Medizintechnik GmbH, Einsteinstraße 1, 72172 Sulz a. N., Germany

Abbildung 99: Larynx-Tubus

Die passende Größe des Larynx-Tubus wird anhand der Körperlänge der betroffenen Person ausgewählt. Den einzelnen Größen sind Farben zugewiesen. Für Erwachsene sind in der Regel die Größen 3 (Körperlänge < 155 cm, gelb), 4 (Körperlänge 155 cm bis 180 cm, rot) und 5 (Körperlänge > 180 cm, violett) passend.

Der Larynx-Tubus wird bis zur Markierung in den Mund des Betroffenen eingeführt. Die Biegung des Tubus folgt dabei der Anatomie der Atemwege. Hat der Larynx-Tubus seine endgültige Position erreicht, werden die Cuffs mit der beiliegenden Spritze gefüllt. Auf der Spritze befinden sich farbige Markierungen die den unterschiedlichen Größen der Tuben zugeordnet sind. So wird gewährleistet, dass die Cuffs am unteren Ende nicht zu stark belüftet werden. Abschließend wird der Tubus mit dem mitgeliefertem Halter fixiert.

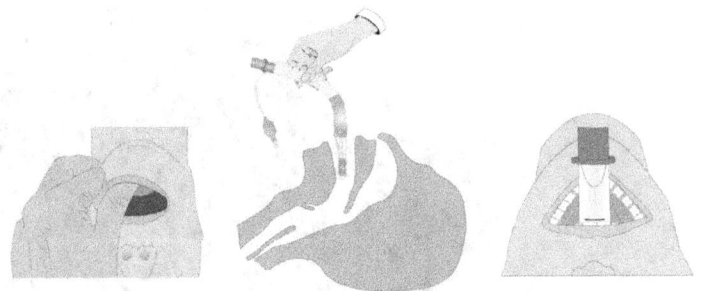

Abbildung 100: Einsetzten des Larynx-Tubus

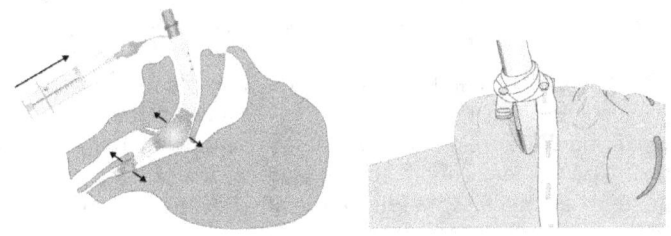

Abbildung 101: Fixierung des Larynx-Tubus

Der i-gel®- und der Larynx-Tubus werden über eine Tubusverlängerung (umgangssprachlich: Gänsegurgel) an den Beatmungsbeutel angeschlossen. Die Anschlüsse sind standardisiert. Durch die Tubusverlängerung werden unvermeidbare Bewegungen des Beatmungsbeutels nicht auf den Tubus übertragen.

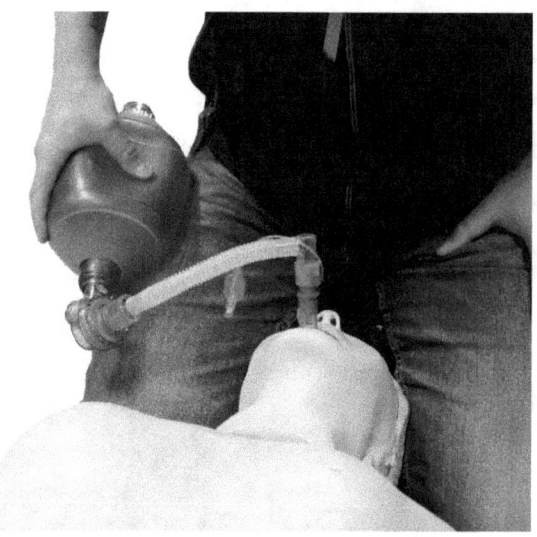

Abbildung 102: Beatmungsbeutel mit Tubusverlängerung und Tubus

Über den Erfolg oder Misserfolg einer Reanimation entscheiden maßgeblich die Organisation am Unfallort, der reibungslose Ablauf und die korrekte Benutzung des Equipments. Der Ablauf ist abhängig von dem vorgehaltenen Material. Ein möglicher Ablauf könnte zusammenfassend folgendermaßen skizziert werden:

1. Notruf absetzen.
2. Oberkörper frei machen.
3. Beginn Herzdruckmassage, bis zusätzliches Material vor Ort und einsatzbereit ist. Bei nur einem Helfer folgen keine weiteren Schritte, es muss bis zum Eintreffen der Rettungskräfte im Rhythmus 30:2 reanimiert werden.
4. Ein zweiter Helfer holt Erste-Hilfe-Material (Beatmung, AED, Telekonsultationsgerät). Wenn mehr als zwei Helfer vorhanden sind kann der dritte Helfer bereits nach 30 Kompressionen mit der Mund-zu-Mund- oder Mund-zu-Nase-Beatmung beginnen, bis zusätzliches Material einsatzbereit ist.
5. Sobald zusätzliches Material vor Ort ist, kann der Helfer, der vorher die Herzdruckmassage durchgeführt hat, abgewechselt werden. Dieser übernimmt dann die Beutelbeatmung (soweit vorhanden, vorher Tubus installieren) und in den Phasen der

Herzdruckmassage den Aufbau von AED und Telekonsultationsgerät.
6. Sind mehr als zwei Helfer vor Ort, kann der Aufbau des AEDs und des Telekonsultationsgerätes von weiteren Helfern übernommen werden.
7. Das weitere Handeln wird von den Anweisungen des Telemediziners bzw. der eintreffenden Rettungskräfte bestimmt.

Diese Reihenfolge ist nicht starr und muss entsprechend den Gegebenheiten vor Ort angepasst werden. Wichtig ist, dass das Handeln der Helfer immer diesen Grundsätzen folgt:

- Minimierung der Zeit ohne Kompressionen (Hands-off-Time):
- Herzdruckmassage nur zur Beatmung unterbrechen.
- Eindeutig und klar mit allen Helfern und dem Telemediziner kommunizieren (z. B. bei Herzdruckmassage die letzten Kompressionen laut einzählen, damit unmittelbar die Beatmung erfolgt).
- Jemanden festlegen, der die Gruppe führt (meist am Kopfende oder soweit möglich Telemediziner).
- Ordnung halten und Equipment vernünftig organisieren, um gegenseitige Behinderungen zu minimieren.
- Immer den Eigenschutz beachten.

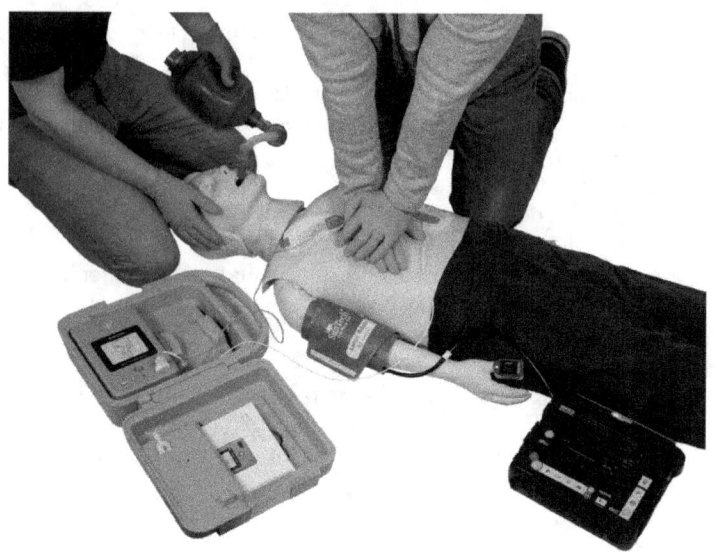

Abbildung 103: Reanimation mit Beatmungsbeutel, AED und Telekonsultation

5.6 „C" – Circulation (Blutkreislauf)
Sind alle vorhergehenden Punkte des (C-)ABCDE-Schemas erfolgreich abgearbeitet oder deren spezifische Probleme beseitigt, werden nun eventuelle Störungen des Blutkreislaufs behandelt. Der Betroffene kann ansprechbar und wach, aber auch bewusstlos sein. Häufig sind Personen mit Kreislaufproblemen in ihrer Wahrnehmung eingetrübt.

Eine wichtige Informationsquelle für den Ersthelfer ist der Eindruck, den er von dem Betroffenen gewinnt. Hilfreiche Fragestellungen dafür sind u. a.:

- Hat die Haut des Betroffenen eine normale Hautfärbung?
- Fühlt sich der Betroffene warm oder kalt an?
- Ist die Haut des Betroffenen schweißig? Wie ist die Konsistenz des Schweißes?
- Gibt es offensichtliche Blutungen?
- Klagt der Betroffene über Schmerzen?

Eine schnelle und vor allem sehr einfache Möglichkeit zur Beurteilung des Kreislaufs ist die Nagelbettprobe, medizinisch auch

Rekapillarisierungszeit genannt. Dazu wird kurz auf den Fingernagel eines beliebigen Fingers des Betroffenen gedrückt. Durch den Druck verfärbt sich das Nagelbett weiß. Bei einem ordnungsgemäß funktionierenden Kreislauf muss das Nagelbett innerhalb von 2 Sekunden wieder zu Rosa bzw. Rot wechseln. Dauert dieser Vorgang wesentlich länger oder bleibt das Nagelbett weiß, lässt dies auf Kreislaufprobleme schließen. Bei unterkühlten Personen ist die Nagelbettprobe wegen der gestörten Kapillardurchblutung nur bedingt aussagekräftig.

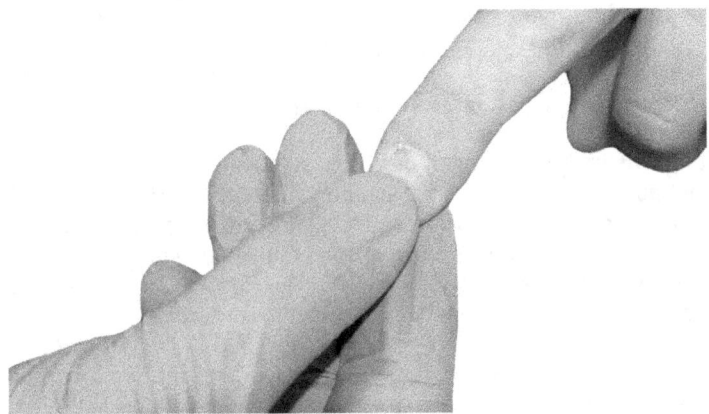

Abbildung 104: Nagelbettprobe

Die Funktion des Kreislaufs kann auch durch das Messen des Pulses überprüft werden. Ein Pulsschlag entsteht immer in der Auswurfphase des Herzens, also wenn Blut in den Kreislauf gepumpt wird. Grundsätzlich ist die Pulsmessung an allen Stellen des Körpers möglich, an denen eine Arterie dicht unter der Haut verläuft (Leiste, Fuß, Kniekehle, Hals, Hand). Im Rahmen der Ersten Hilfe bietet sich aber die Messung an der Hand bzw. am Hals an. Beide Stellen haben Vor- und Nachteile. Da der Körper bei Kreislaufproblemen sehr frühzeitig die Blutversorgung der Extremitäten einschränkt, stellt man Auffälligkeiten bei der Pulsmessung eher an der Hand als am Hals fest. Ist der Puls an der Hand klar und deutlich zu erfühlen, deutet das auf einen stabilen Kreislauf hin.

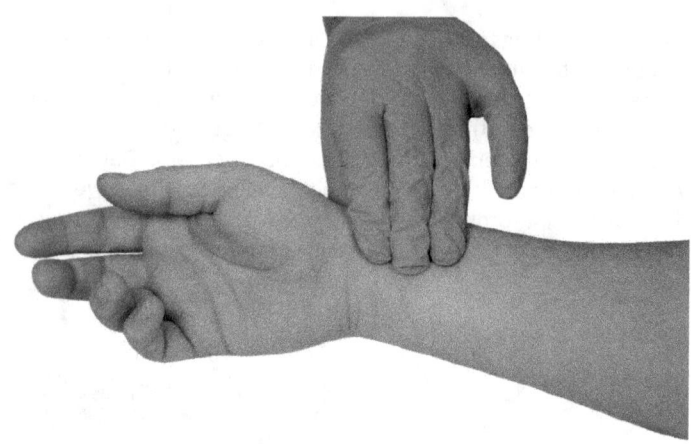

Abbildung 105: Pulsmessung an der Hand

Der Puls ist bei Störungen des Kreislaufs am Hals deutlich länger zu spüren als an der Hand. Allerdings besitzt die Halsschlagader Rezeptoren, die auf Druck reagieren. Wird wegen fehlender Übung auf der Arterie zu viel herumgedrückt, kann es zu einem problematischen Blutdruckabfall kommen. Der Puls am Hals sollte deshalb vorsichtig, mit nicht zu viel Druck, getastet werden.

Bei beiden Varianten gilt, dass der Puls niemals mit dem Daumen ertastet wird. Da der Daumen einen starken eigenen Puls besitzt, kann es schnell zu Fehlmessungen kommen. Statt des Pulses des Betroffenen spürt man seinen eigenen Puls. Um die Pulsfrequenz zu messen, werden für 15 Sekunden die einzelnen Pulsschläge gezählt und dann mit dem Faktor 4 multipliziert. Als Ergebnis erhält man die Anzahl der Pulsschläge pro Minute. Der normale Ruhepuls liegt bei einem Erwachsenen bei 60 bis 80 Schlägen pro Minute. Während der eigentlichen Pulsmessung achtet man auch auf die Art der Pulsschläge. Fühlen sich diese kräftig und klar an? Fadenförmige, schwammige und zusätzlich sehr schnelle Pulsschläge deuten auf sehr sicher auf Kreislaufstörungen hin.

Mit dem Einsatz eines Pulsoxymeters erhält man eine weitere Möglichkeit zur Pulsmessung. Ein Pulsoxymeter wird vornehmlich zur Messung des Blutsauerstoffs eingesetzt. Zur Messung selbst wird entweder der mit dem Gerät über ein Kabel verbundene Sensor oder das Gerät selbst auf einen Finger des Betroffenen aufgesteckt.

Dieser wird durchleuchtet und mithilfe der Farbe des Blutes wird die Sauerstoffsättigung festgestellt. Normale Sättigungswerte eines gesunden Erwachsenen liegen zwischen 96 und 99 %.

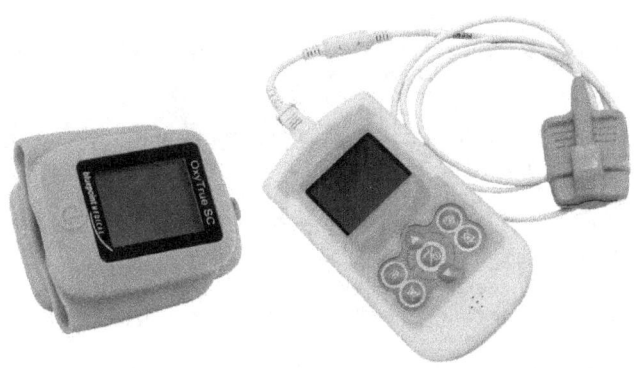

Abbildung 106: Verschiedene Pulsoxymeter

Für den Einsatz am Arbeitsplatz ist ein Pulsoxymeters mit einem abgesetzten Sensor sinnvoll. Die Geräte bieten mehr Beweglichkeit, eine bessere Bedienung und einstellbare Alarmgrenzen. Durch die Alarmfunktion kann der Ersthelfer sich um andere Sachen kümmern.

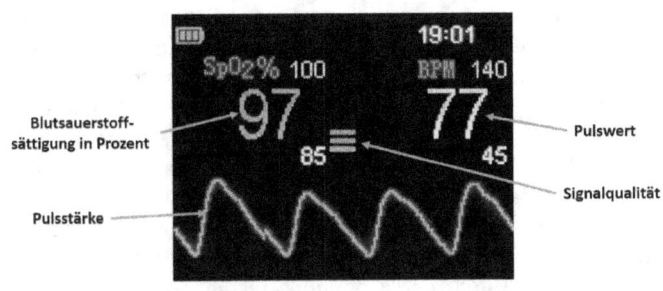

Abbildung 107: Anzeige des Pulsoxymeters

Zusätzlich zur Sauerstoffsättigung werden die Herzfrequenz und die Pulsstärke auf dem Display des Gerätes angezeigt. Deshalb stellt das Pulsoxymeter für den Ersthelfer eine komfortable Lösung zur Messung des Pulsschlages dar. Im Rahmen der erweiterten Ersten Hilfe wird das Pulsoxymeter ausschließlich zur Bestimmung der Herzfrequenz genutzt.

Beim Einsatz eines Pulsoxymeters sind folgende Hinweise zu beachten:

- Bei gestörter Durchblutung (aufgepumpte Blutdruckmanschette, Tourniquet) und bei kalten Händen ist eine korrekte Messung praktisch unmöglich.
- Bemalte und künstliche Fingernägel verfälschen die Werte.
- Schmutzige Finger verfälschen die Messung.
- Falsche Anzeige der Sauerstoffsättigung bei Kohlenmonoxid-Vergiftung.

Ein häufiger Grund für Störungen des Kreislaufs sind gerade im Arbeitsumfeld äußere Blutungen. Da lebensbedrohliche Blutungen bereits unter dem Punkt „Critical Bleeding" des (C-)ABCDE-Schemas abgearbeitet wurden, geht es an dieser Stelle um die Behandlung von Wunden, die nicht zwangsläufig zu einem lebensbedrohlichen Blutverlust führen. Zu berücksichtigen ist aber immer, dass sich Blutungen verschlimmern können und dass selbst kleine Verletzungen ein psychologisches Potenzial für Kreislaufstörungen besitzen.

Bei äußeren Wunden verbleiben Fremdkörper jeder Art grundsätzlich in der Wunde, da beim Entfernen des Fremdkörpers weitere Verletzungen von inneren Organen möglich sind oder eine Verstärkung der Blutung droht. Der Fremdkörper verschließt durch seine Anwesenheit die verletzten Blutgefäße. Außerdem können Teile des Fremdkörpers abbrechen und in der Wunde zurückbleiben.

Befindet sich die Wunde an den Extremitäten, ist das Hochlagern eine einfache und durchaus wirksame Möglichkeit, die Blutung zu verringern. Durch den Höhenunterschied und der wirkenden Schwerkraft gelangt weniger Blut zur Wunde. Bei kleineren Verletzungen kann das sogar zum Stoppen der Blutung führen.

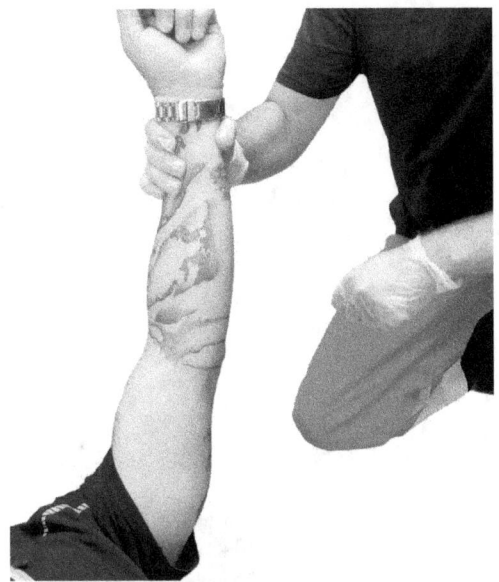

Abbildung 108: Hochlagern der verletzten Extremität

Eine weitere einfache und effektive Methode, eine arterielle Blutung für kurze Zeit zu stoppen, ist das Abdrücken der Arterie (Schlagader) mit der Hand. Dafür muss man allerdings die genaue Lage der Arterien in den Extremitäten kennen.

Beinarterie: Sie sitzt unterhalb des Leistenbandes im inneren Oberschenkel. Da der Oberschenkelmuskel ein sehr kräftiger Muskel ist, sollte der Oberschenkel mit beiden Händen umfasst werden, sodass die Daumen fest gegen den Oberschenkelkopf drücken und die Finger beider Hände die Arterie abdrücken.

Oberarmarterie: Sie findet man in der Mitte des Oberarms am inneren Rand des Bizepsmuskels. Sie kann mit den Fingern gegen den Oberarmknochen abgedrückt werden.

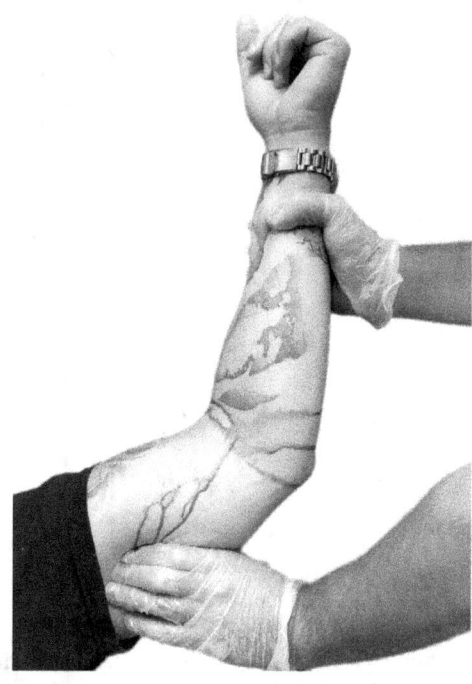

Abbildung 109: Abdrücken der Arterie

Gerade bei schwierig zu kontrollierenden Wunden am Hals oder am Kopf bieten sich sogenannte Traumaklammern zur Blutstillung an. Diese Hilfsmittel sind aktuell noch wenig verbreitet. Sie stellen aber gerade für die genannten Einsatzzwecke eine brauchbare Alternative zu den bekannten Methoden und Hilfsmitteln dar. Die Vorteile der Traumklammer sind ins Besondere:

- Schnelle Anlage und Kontrolle der Blutung
- Blutung stoppt innerhalb von Sekunden
- Durchblutung der Körperteile wird aufrechterhalten
- Minimale Schmerzen
- Die Wunde ist jederzeit beurteilbar

Abbildung 110: iTClamp 50, Traumaklammer

Selbst kleine Wunden sollten versorgt werden, damit Schmutz oder Keime nicht in die Wunde eindringen können. Bagatellverletzungen können mit einem Pflaster versorgt werden. Sobald es sich um größere Wunden handelt, sollte ein Verband mit einer sterilen Wundauflage genutzt werden. Gegenüber den in den Erste-Hilfe-Kästen weitverbreiteten Verbandspäckchen hat die Israeli-Bandage viele praktische Vorteile in der Benutzung durch den Ersthelfer. Die Israeli-Bandage, die ihren Namen aufgrund ihres israelischen Erfinders erlangt hat, ist ein weiterentwickeltes Verbandspäckchen, das gerade bei größeren Wunden vielfältiger und effektiver als das einfache Verbandspäckchen eingesetzt werden kann. In Deutschland ist die Israeli-Bandage hauptsächlich unter der Bezeichnung „Notfallverband" bekannt.

Die Israeli-Bandage ist ein steriler, elastischer Verband mit einer beschichteten, nicht haftenden Wundauflage. Der fest vernähte Druckbalken erleichtert nicht nur das Anlegen des Verbands, sondern ermöglicht außerdem die zusätzliche Druckausübung auf die Wunde – ähnlich wie beim vorher beschriebenen Druckverband. Die Israeli-Bandage besitzt ein sehr kleines Packmaß und einen durch die Bandage genähten Faden, der ein ungewolltes Abwickeln verhindert. Für eine einfache Fixierung des Verbands sorgt eine spezielle Verschlussleiste, die nach der Wundversorgung ohne weitere Hilfsmittel an den Wicklungen befestigt werden kann.

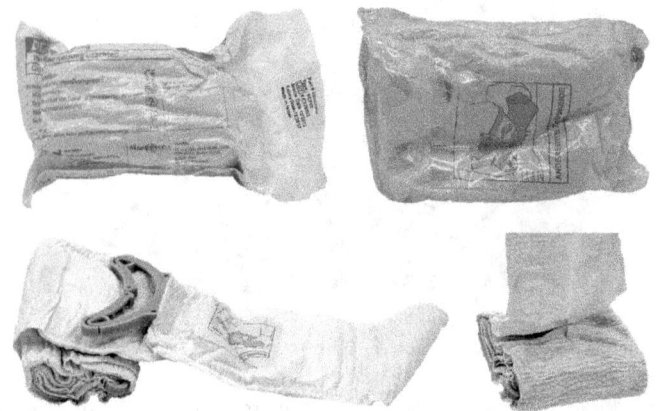

Abbildung 111: Israeli Bandage

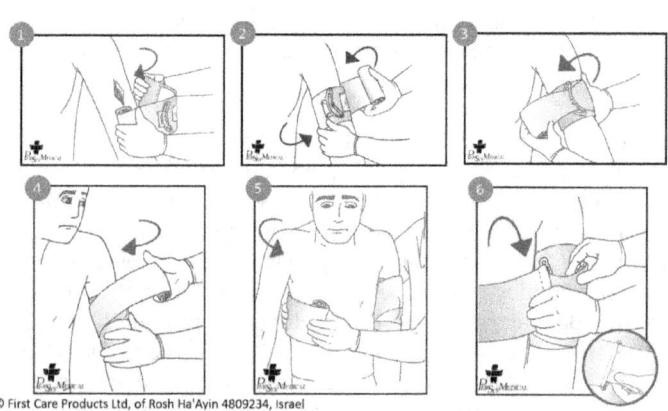

Abbildung 112: Einsatz der Israeli-Bandage am Arm

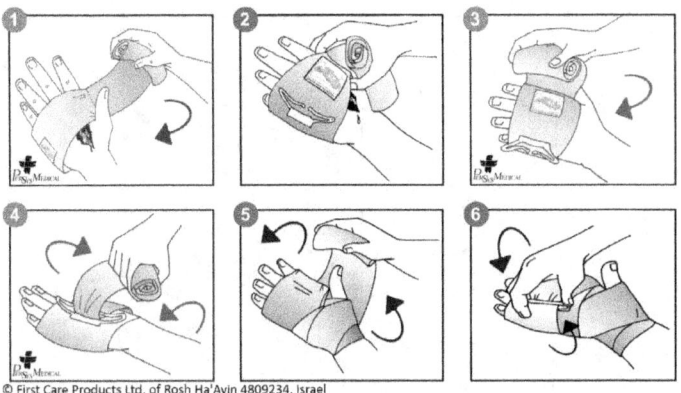

Abbildung 113: Selbstversorgung einer Handverletzung mit der Israeli-Bandage

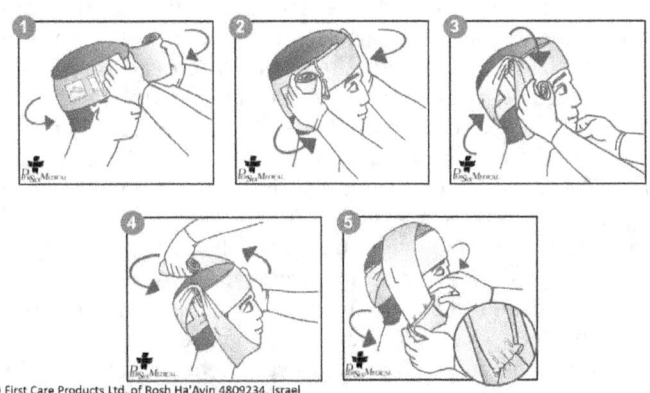

Abbildung 114: Versorgung einer Kopfwunde mit der Israeli-Bandage

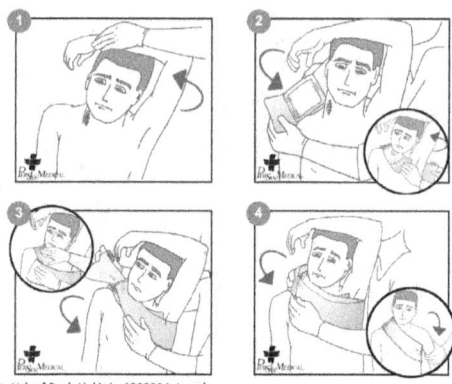

Abbildung 115: Versorgung einer Nackenwunde mit der Israeli-Bandage

Im Gegensatz zu äußeren Blutungen sind bei inneren Blutungen oft keine äußeren Verletzungen sichtbar, da das Blut nicht nach außen austritt, sondern sich im Gewebe oder in den Körperhöhlen (Brusthöhle, Bauchhöhle, Beckenhöhle) des Betroffenen sammelt. Diese Blutansammlungen werden Blutergüsse oder medizinisch Hämatome genannt. Befinden sich diese dicht unter der Haut, spricht man von einem „blauen Fleck". Während diese selbst oft harmlos sind, kann ihr Vorhandensein aber auf wesentlich problematischere Blutansammlungen im Körperinneren hindeuten (sogenannte Prellmarken), die im schlimmsten Fall zum inneren Verbluten des Betroffenen führen – ohne einen sichtbaren Tropfen Blut. Das Problem bei inneren Blutungen ist, dass sie zum einen schwer zu erkennen sind und zum anderen, dass die Blutstillung schwierig bis unmöglich ist und eigentlich nur im Operationssaal erfolgen kann. Das macht sie zu absolut zeitkritischen Verletzungen. Gründe für innere Blutungen sind oft Unfallgeschehen mit großer Gewalteinwirkung oder hohe, unfallbedingte Fliehkräfte, die auf den Körper wirken. Beide können zum Reißen gut durchbluteter Organe (z. B. Leber und Milz) oder dem Abriss großer Blutgefäße (z. B. Aortenabriss) führen. Es gibt auch verschiedene Erkrankungen, wie z. B. Tumore und Geschwüre, die durch ihr Platzen innere Blutungen auslösen können.

Anzeichen für innere Blutungen können sein:

- Schmerzen und Schwellung im Bereich des Bauches
- Gefühlsstörungen im Bereich der Oberschenkel
- Abhusten von Blut
- Starkes Erbrechen mit Blut
- Blutiger, schwarzer oder teerähnlicher Stuhl
- Übermäßige Blässe oder starkes Schwächegefühl
- Gespannter, „brettharter" Bauch

Je nach Stärke der inneren Blutung können die Symptome mehr oder minder eindeutig und in den unterschiedlichsten Kombinationen auftreten.

Beim leisesten Verdacht auf innere Verletzungen des Betroffenen und daraus resultierenden Blutungen muss möglichst frühzeitig an eine Transportmöglichkeit in ein Krankenhaus gedacht werden. Mithilfe des Telemediziners können die Symptome weiter abgeklärt und – soweit möglich – kann entsprechend interveniert werden.

Schock
Bei einem Schock versucht der Körper aus medizinischer Sicht ein Missverhältnis zwischen Blutangebot und Blutnachfrage zu kompensieren. Ursachen für diese Diskrepanz können ein großer Blutverlust, eine mangelnde Pumpleistung des Herzens, eine Blutvergiftung oder eine allergische Reaktion sein. Um die Blutversorgung der lebenswichtigen Organe aufrechtzuerhalten, reagiert der Körper mit einem „Notprogramm". Dabei wird der Großteil des im Körper befindlichen Blutes durch Engstellen der Gefäße in den Armen und Beinen in die Körpermitte verlagert. Dieser Zustand wird als „Zentralisation" bezeichnet. Wird die Ursache des Schocks nicht beseitigt, ist es eine Frage der Zeit, bis der Kreislauf schrittweise zusammenbricht. Früher oder später werden auch lebenswichtige Organe nicht mehr ausreichend durchblutet und irreversibel geschädigt. Ein Schock ist eine lebensbedrohliche Situation.

Anzeichen für einen Schock:

- Kalte, blasse, kaltschweißige Haut
- Schneller, kaum fühlbarer Puls (über 100 Schläge pro Minute)
- Sinkender systolischer Blutdruck < 90 mmHg (wenn Möglichkeit zur Messung vorhanden)
- Betroffener friert, zittert, ist unruhig, nervös und ängstlich
- Anzeichen von Teilnahmslosigkeit, Bewusstseinstrübung bis hin zur Bewusstlosigkeit

Ein Schock wird, basierend auf seinen Ursachen, einer Schockart zugeordnet und somit exakter spezifiziert.

Volumenmangelschock
Der Volumenmangelschock wird auch hypovolämischer Schock genannt. Er entsteht durch einen starken Flüssigkeitsverlust, durch den die Menge des in den Gefäßen zirkulierenden Blutes abnimmt. Ursache kann sowohl ein großer Blutverlust durch innere oder äußere Blutungen als auch der Verlust von Wasser durch starken Durchfall, Erbrechen und mangelnde Wasserzufuhr sein. Es fehlt schlicht die notwendige Menge an Blut, um den Kreislauf aufrechtzuerhalten.

Distributiver Schock
Genau genommen ist der distributive Schock ein relativer Volumenmangelschock. Das fehlende Volumen erklärt sich allerdings nicht durch einen Flüssigkeitsverlust nach außen, sondern durch eine unkontrollierte Weitstellung der Blutgefäße oder durch den Verlust von Flüssigkeit in die Zellzwischenräume. Gründe für dieses Verhalten des Körpers können Vergiftungen (septischer Schock), allergische Reaktionen auf Medikamente oder Allergene (anaphylaktischer Schock) sowie der nervale Ausfall der Kreislaufregulation (neurogener Schock), z. B. durch Verletzungen des Rückenmarks, Entzündungen und Erkrankungen des Nervensystems oder starke Schmerzen, sein.

Kardiogener Schock
Der kardiogene Schock hat seine Ursache in Funktionsstörungen des Herzens. Diese können durch Erkrankungen am Herzen selbst (z. B. Herzinfarkt, Herzrhythmusstörungen, Funktionsstörungen an den Herzklappen) oder durch Erkrankungen im Umfeld des

Herzens (z. B. Funktionsstörungen der Lunge, Entzündungen am Herzen) ausgelöst werden. Die Versorgung lebenswichtiger Organe kann wegen der reduzierten Pumpleistung des Herzens nicht sichergestellt werden.

Obstruktiver Schock
Der obstruktive Schock wird durch einen Verschluss großer Blutgefäße (z. B. durch Blutgerinnsel, Fremdkörper, Druck) oder des Herzens selbst verursacht. Wenn man einschlägiger Literatur folgt, dürfte es sich bei dem obstruktiven Schock um die am seltensten auftretende Schockform handeln.

Bei allen Schockformen können gezielte Maßnahmen die Situation der betroffenen Person erleichtern und eine eventuelle Eskalation verhindern:

- Überwachen Sie den Zustand des Betroffenen.
- Betreuen und beruhigen Sie den Betroffenen.
- Lenken Sie den Betroffenen von der Situation ab.
- Vermeiden Sie unnötige Bewegungen.
- Lockern Sie gegebenenfalls zu eng sitzende Kleidung.
- Halten Sie den Betroffenen warm.
- Geben Sie der betroffenen Person nichts zu trinken.
- Kontrollieren Sie die Versorgung kritischer Blutungen.

Herzinfarkt
Ursache für einen Herzinfarkt ist in der Regel der akute Verschluss eines Herzkranzgefäßes. Das Herz besitzt drei solcher Blutgefäße, die den Herzmuskel mit Blut versorgen – jeweils eins an der Vorder-, Seiten- und Hinterwand. Da Herzmuskelzellen ohne Blutversorgung in spätestens zwei bis vier Stunden absterben, stellen Durchblutungsstörungen am Herzen mit etwa 20 % aller Todesfälle in Europa eine der häufigsten Todesursachen dar. Wie viel Herzmuskelgewebe vom Absterben bedroht ist, hängt insbesondere davon ab, ob ein größeres Gefäß oder nur ein kleinerer Seitenast von dem Verschluss betroffen ist. Sind größere Areale des Herzmuskels in Mitleidenschaft gezogen, wird der Betroffene auch bei erfolgreicher Behandlung immer mit einer Einschränkung der Herzleistung leben müssen.

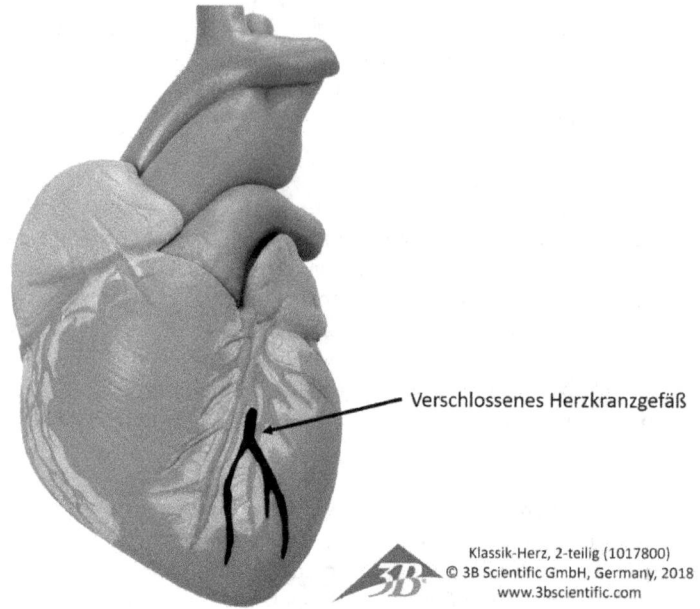

Abbildung 116: Verschlossenes Herzkranzgefäß an der Herzvorderseite

Ursache für den Verschluss eines Herzkranzgefäßes sind meistens Ablagerungen an den Gefäßwänden (Plaque), die vom Körper mit einer feinen Haut überzogen werden. Risikofaktoren für diese Ablagerungen sind zum Beispiel erhöhte Blutfette, Rauchen und Diabetes. Die Bildung von Plaque an den Gefäßwänden und die daraus resultierenden Probleme werden als koronare Herzkrankheit bezeichnet. Reißt die erwähnte feine Haut ein, erkennen die im Blut vorbeifließenden Blutplättchen diesen Defekt und decken ihn innerhalb kürzester Zeit mit einem Blutgerinnsel ab. Dieses Blutgerinnsel verschließt dann das Gefäß. Der Prozess der Blutgerinnung ist der gleiche, den man auch von Verletzungen der Haut kennt. An der Plaque können sich auch ohne einen Einriss in der Oberfläche Blutgerinnsel bilden, die das Gefäß verschließen. Außerdem gibt es bei ca. 15 % der durch einen Herzinfarkt Betroffenen einige bislang ungeklärte und nur zeitweise auftretende Verschlüsse der Herzkranzgefäße.

Starke und lageunabhängige Schmerzen oder ein Druck-/ Schweregefühl in der Brust sind typische Symptome eines

Herzinfarktes. Die Schmerzen strahlen oft in die Arme (meistens ist der linke Arm betroffen), in den Hals oder in den Kiefer aus. Relativ schnell kommen häufig Begleiterscheinungen wie kalter Schweiß, Blässe, Übelkeit, Atemnot, Unruhe und (Todes-)Angst dazu.

Nicht immer sind die Symptome so eindeutig wie beschrieben. Gerade bei Frauen kann sich ein Herzinfarkt mit eher atypischen Anzeichen wie Übelkeit oder Bauchschmerzen äußern. Vornehmlich bei Diabetikern gibt es sogenannte „stumme" Herzinfarkte. Da durch die Zuckerkrankheit die Organnerven geschädigt sein können, verlaufen diese Infarkte oft ohne Schmerzen.

Ein Herzinfarkt ist lebensbedrohlich. Deshalb sollte auch bei nicht typischen Symptomen ärztliche Hilfe angefordert werden. Oft kann der Betroffene von Problemen berichten, die bereits im Vorfeld bestanden, vor allem bei Belastung oder in Stresssituationen aufgetreten und danach wieder verschwunden sind. Dies ist ein weiterer Anhaltspunkt, um einen Herzinfarkt zu vermuten.

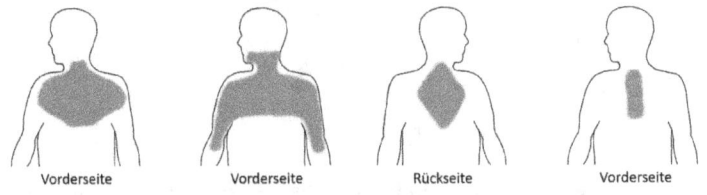

Abbildung 117: Typische Schmerzzonen bei einem Herzinfarkt

Schlaganfall
Schlaganfälle (med. Apoplex) treten ähnlich häufig und plötzlich auf wie Herzinfarkte. Wie beim Herzinfarkt handelt es sich um Durchblutungsstörungen – allerdings im Gehirn. Der Grund für die Durchblutungsstörungen ist häufig der Verschluss eines Blutgefäßes durch ein Blutgerinnsel. Der Grund für dessen Entstehung wurde beim Herzinfarkt bereits beschrieben. Weitere mögliche Gründe sind aber auch Hirnblutungen oder der Verschluss eines Gefäßes durch einen Tumor. In der Folge eines solchen Gefäßverschlusses können die Gehirnzellen nicht mehr ausreichend mit Sauerstoff und Nährstoffen versorgt werden. Ein weiteres Problem ist der fehlende Abtransport

der Stoffwechselprodukte. Die Konsequenz ist ein Absterben der Gehirnzellen und damit der Ausfall von Gehirnfunktionen. Bei dem Betroffenen treten z. B. sehr starke Kopfschmerzen, Schwindel, Taubheitsgefühle, Lähmungserscheinungen oder Sprach- und Sehstörungen auf.

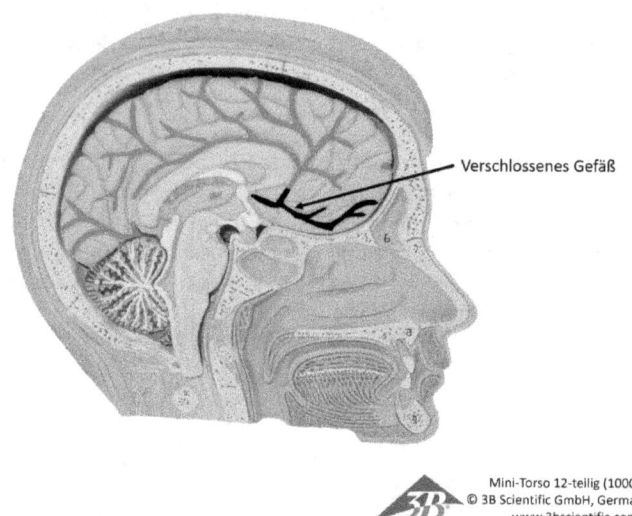

Abbildung 118: Verschlossenes Gefäß im Gehirn

Das Risiko, einen Schlaganfall zu erleiden, steigt mit zunehmendem Lebensalter. Trotzdem können auch junge Menschen oder sogar Kinder betroffen sein. Wird der Schlaganfall nicht umgehend behandelt, bleiben die Symptome – aufgrund der fortschreitenden Schädigung der Gehirnzellen – dauerhaft bestehen oder der Betroffene verstirbt an den Folgen der Erkrankung. Aus diesen Gründen ist ein möglichst frühzeitiges Erkennen der klassischen Anzeichen einer Durchblutungsstörung im Gehirn überlebenswichtig für den Betroffenen bzw. die Grundlage für seine möglichst folgenlose Genesung.

Mit dem FAST-Test kann bei den ersten Anzeichen der Verdacht auf einen Schlaganfall überprüft werden. FAST ist eine Abkürzung aus dem englischen Sprachraum. Die einzelnen Buchstaben stehen für:

F ace (Gesicht): Kann der Betroffene lächeln? Sind die Gesichts- und Mundbewegungen symmetrisch?

A rms (Arme): Kann der Betroffene beide Arme zeitgleich nach vorne strecken und dabei die Handflächen nach oben drehen? Erfolgen diese Bewegungen synchron?

S peech (Sprache): Kann der Betroffene einen einfachen Satz nachsprechen? Klingt die Stimme klar und deutlich?

T ime (Zeit): Wenn bei den vorhergehenden Punkten eine Frage mit „Nein" beantwortet werden muss, ist dringend professionelle medizinische Hilfe notwendig. Die gemachten Beobachtungen und der Verdacht auf einen Schlaganfall sind den Rettungskräften möglichst frühzeitig mitzuteilen.

Krampfanfälle
Krampfanfälle sind vorübergehende Funktionsstörungen des Gehirns. Die Nervenzellen senden dabei plötzlich unkontrollierte Impulse, die von dem Betroffenen nicht zu beeinflussen sind. Die Ursachen für die Anfälle sind oft unbekannt oder auf eine andere Erkrankung zurückzuführen (Hirnschädigung oder Hirnhautentzündung, Gehirnerschütterung, Schlaganfall, Diabetes etc.). Es wird vermutet, dass oft erst die Kombination aus genetischer Veranlagung und einer anderen Erkrankung zu den Funktionsstörungen führt. Es gibt die unterschiedlichsten Formen und Ausprägungen der Anfälle. Treten diese regelmäßig bzw. mehrmals auf, spricht man von dem Krankheitsbild der Epilepsie.

Ein neurologischer Anfall erfordert in der Regel keine dringende medizinische Hilfe. Für den Betroffenen ist er ausgesprochen unangenehm. Für die Ersthelfer erscheint die Situation meistens bedrohlicher, als sie wirklich ist. Normalerweise hört der Anfall nach einiger Zeit von selbst wieder auf. Den Ersthelfern bleibt somit nur, den Anfall abzuwarten, Verletzungen während des Krampfens zu verhindern (z. B. durch Maschinen, Sturz, Herunterfallen etc.) und allgemeinen Beistand zu leisten. Der Betroffene darf nicht alleine gelassen werden. Nach dem Anfall befindet sich der Betroffene in einem völligen Erschöpfungszustand. Es bietet sich das Verbringen in die stabile Seitenlage an.

Auf keinen Fall dürfen Ersthelfer:

- den Mund des Betroffenen öffnen.
- vom Betroffenen festgehaltene Gegenstände gewaltsam entfernen. Handelt es sich um gefährliche Gegenstände (z. B. Messer oder laufende Maschinen) müssen diese ungefährlich gemacht werden (z. B. Strom abschalten, scharfe Gegenstände mit einem Tuch umwickeln)
- die krampfartigen Bewegungen gewaltsam unterbinden.

Nach einem Krampfanfall sollte im Arbeitsumfeld der Windindustrie immer professionelle medizinische Hilfe hinzugezogen werden, da dieser das Symptom einer anderen Erkrankung sein kann. Das gilt insbesondere dann, wenn:

- der Anfall länger als 5 Minuten andauert, da diese Anfälle nur medikamentös unterbrochen werden können.
- der Anfall sich innerhalb einer Stunde wiederholt.
- der Betroffene nach dem Anfall das Bewusstsein nicht wiedererlangt.

Hängetrauma
Das Hängetrauma ist ein spezielles Thema bei Personen, die in absturzgefährdeten Bereichen unter der Benutzung der Persönlichen Schutzausrüstung gegen Absturz (PSAgA) arbeiten. Kommt es nach einem Sturz zu längerem, bewegungslosem Hängen im Auffanggurt, wird das Blut in den Beinen am Rückfluss in Richtung Herz gehindert und steht somit dem Körperkreislauf nicht mehr zur Verfügung. Durch das bewegungslose Hängen und die fehlenden Muskelbewegungen zum Halten des Gleichgewichts fehlt die Funktion der Muskelpumpe (siehe Abbildung 27), um das Blut gegen die Schwerkraft wieder zum Herzen zu befördern. Erschwerend kommt in der Regel noch das Abschnüren der Venen im Bereich der Leiste durch den Gurt hinzu. Umgangssprachlich wird davon gesprochen, dass das Blut in den Beinen „versackt". Genau genommen handelt es sich bei dem Hängetrauma um eine spezielle Form des bereits erwähnten Volumenmangelschocks. Folglich sind

der medizinische Verlauf und die Symptomatik weitgehend ähnlich und führen ohne Hilfe zum Versterben des Betroffenen. Typische Anzeichen für ein Hängetrauma sind (Reihenfolge mit zunehmender Dauer):

- Blässe, Schwitzen
- Kurzatmigkeit
- Zunächst Pulsanstieg
- Blutdruckanstieg
- Sehstörungen
- Schwindel
- Übelkeit
- Pulsabfall
- Blutdruckabfall

Zu berücksichtigen ist, dass die Symptome sehr individuell ausfallen und unterschiedlichste Ausprägungen besitzen können. Sie sind weitgehend vom Gesundheits- und Körperzustand des Betroffenen vor dem Unfall, von dem verwendeten Equipment und dessen richtiger Benutzung abhängig.

Normalerweise kann nur eine Person ein Hängetrauma erleiden, die zuvor bewusstlos war oder durch den Sturz bewusstlos geworden ist. Zu der Problematik des Hängetraumas kommt – je nach Wahl der Sicherung – durch die Bewusstlosigkeit auch das Problem der Verlegung der Atemwege hinzu, das zum Ersticken des Betroffenen führen kann. Im GWO-Modul „Working at Heights" des Basic Safety Trainings erlernen Personen, die an hoch gelegenen Arbeitsplätzen in der Windindustrie tätig werden, die korrekte Benutzung der PSA gegen Absturz und Möglichkeiten zur Vermeidung des Hängetraumas nach dem Sturz. Voraussetzung dafür ist immer, dass der Betroffene bei Bewusstsein ist und diese Möglichkeiten nutzen kann.

Nach einem Sturz in den Gurt und der folgenden technischen Rettung eines Betroffenen ist immer davon auszugehen, dass dieser von einem Hängetrauma betroffen ist – auch wenn dieser bei Bewusstsein ist und Probleme verneint. Wird die betroffene Person nach der Rettung zu schnell in eine liegende Position gebracht, kommt es zum plötzlichen massiven Rückfluss des in den Beinen versackten, sauerstoffarmen Blutes zum Herzen (Volumenbelastung). Außerdem hat das in den Beinen versackte Blut während des Hängens im Gurt durch die Mangeldurchblutung eine große Menge an Stoffwechselprodukten aufgenommen. Zu diesen zählt beispielsweise Kalium, das in einer höheren Konzentration das Potenzial zur Schädigung des Herzmuskels besitzt. Das Ergebnis einer Flachlagerung kann der sogenannte Bergetod sein.

Deshalb müssen ansprechbare Personen nach der Rettung nach einem Sturz immer in eine Hocklagerung gebracht werden. Ziel der Hocklagerung ist es, das versackte Blut langsam dem Körperkreislauf zuzuführen und somit die beschriebene Problematik zu verhindern.

Abbildung 119: Hocklagerung

Nach dem freien Hängen im Gurt kann weder der Ersthelfer noch der Betroffene selbst beurteilen, wie weit die Problematik des Hängetraumaus fortgeschritten war und ob durch die Mangelversorgung innerer Organe mit Blut bereits Schäden eingetreten sind, die im weiteren Verlauf zu schweren gesundheitlichen Problemen (z. B. Nierenversagen) führen können. Deshalb muss jede Person nach der Rettung aus dem Gurt ärztlich weiterversorgt werden.

Ist der Betroffene bewusstlos und atmet, kann mithilfe von Beatmungshilfen (z. B. Guedel-Tubus, Wendl-Tubus) der Atemweg gesichert werden und die Person ebenfalls in die Hocklagerung gebracht werden. Dabei ist der Zustand (Atmung, Kreislauf) der betroffenen Person engmaschig zu überprüfen. Ohne Möglichkeiten zur Sicherung der Atemwege bleibt dem Ersthelfer nur das Verbringen des Betroffenen in die stabile Seitenlage oder – bei fehlender Atmung und fehlendem Puls – die Reanimation (Flachlagerung).

Im Arbeitsumfeld der Windindustrie können wegen der meist langen Hilfsfristen oder anderer äußerer Umstände kleine Zwischenfälle schnell eskalieren. Als Beispiel sei das in der Gondel einer Onshore-Windkraftanlage arbeitende 2-Mann-Team genannt, bei welchem einer der beiden Monteure aufgrund von Kreislaufproblemen und Schmerzen in der Brust stürzt. Abgesehen von der bereits erwähnten langen Hilfsfrist wird das Rettungsteam vermutlich bei Ankunft vor einer verschlossenen Anlage stehen. Dem Ersthelfer ist es durch die Versorgung seines Kollegen nicht möglich, den Einsatzkräften die Tür zur Anlage zu öffnen. Der Weg von der Gondel zum Turmfuß dauert in der Regel einige Minuten, selbst wenn ein Befahrsystem in der Anlage installiert ist. Den Betroffenen für diese Zeit alleine zu lassen ist nur in wenigen Situationen möglich.

Gerade in solchen schwierigen Situationen müssen dann letztlich neben der Ersten Hilfe auch organisatorische Entscheidungen getroffen werden. Der Ersthelfer ist ein medizinischer Laie und vermutlich noch nie mit einer vergleichbaren Situation konfrontiert gewesen. Rettungs- und Notfallkonzepte berücksichtigen nicht alle Eventualitäten und mussten sich meistens noch nie in der Praxis bewehren. Die Telekonsultation ist deshalb für den Ersthelfer eine wichtige Basis für die Beurteilung der Situation und eine sinnvolle Unterstützung. Daneben gibt es einen beruhigenden psychologischen Effekt – die Verantwortung wird geteilt und der Ersthelfer ist nicht alleine. Außerdem ermöglicht erst die medizinische Telekonsultation die Gabe von eventuell notwendigen und vor Ort befindlichen Medikamenten.

5.7 Sekundäre Untersuchung (Secondary Survey)

Die sekundäre Untersuchung wird normalerweise erst begonnen, wenn das (C-)ABCDE-Schema vollständig abgearbeitet wurde und sich dabei keine dringenden medizinischen Maßnahmen herausgestellt haben. Im Rahmen der sekundären Untersuchung werden weitere Erkenntnisse über den Zustand des Betroffenen gesammelt, für deren Erhebung bei der ersten Abarbeitung des (C-)ABCDE-Schemas wegen möglicher lebensbedrohlicher Verletzungen oder Erkrankungen und des damit notwendigen dringenden Handlungsbedarfs keine Zeit vorhanden war.

Die sekundäre Untersuchung gehört in der zeitlichen und inhaltlichen Gliederung eines Lehrbuches normalerweise an das Ende des (C-)ABCDE-Schemas. Sie wird an dieser Stelle nur beschrieben, um der Gliederung des GWO Enhanced First Aid Standards zu folgen.

Während der sekundären Untersuchungen darf nicht vergessen werden, dass sich der Zustand des Betroffenen schnell ändern kann. Das (C-)ABCDE-Schema – leicht abgewandelt und ohne „C" für kritische Blutungen – ist auch in den sekundären Untersuchungen der rote Faden. Der Schwerpunkt liegt hier allerdings auf der Überprüfung der Wirksamkeit der ergriffenen Maßnahmen und der Gewinnung weiterer Informationen.

Abbildung 120: ABCDE-Schema in der Secondary Survey

Die sekundären Untersuchungen fallen häufig in die Wartezeit bis zum Eintreffen der professionellen Rettungskräfte. Ist der Verletzte ansprechbar und orientiert, erfolgt eine Lagerung in der Regel nach seinem Wunsch oder der Art der Verletzungen. Für den Ersthelfer ist dabei wichtig, immer einen Schritt vorauszudenken und eine eventuelle Verschlechterung des Zustandes des Betroffenen zu erkennen. Daher ist es sinnvoll, die verletzte Person in eine Position zu bringen, in welcher sie auch bei aufkommender Bewusstlosigkeit sicher ist (herunterfallen vom Stuhl, verletzen an Anlagenteilen etc.). In der Regel wird dies eine auf dem Boden sitzende bzw. liegende Position sein. Auch bei Bagatellverletzungen können sich z. B. durch Schmerzen oder alleine durch den Anblick des eigenen Blutes schnell Kreislaufprobleme ergeben, die bis zur Ohnmacht führen können. Dabei sind folgende Grundsätze zu berücksichtigen:

- Ist der Betroffene bewusstlos und besteht keine Möglichkeit zur Atemwegssicherung, muss er immer in die stabile Seitenlage verbracht werden.
- Eine sitzende Position auf Stühlen, Bänken oder Ähnlichem ist in der Regel nicht zu empfehlen, da durch einen möglichen Sturz bei Bewusstlosigkeit oder Schwäche weitere Verletzungen entstehen können.
- Bei allen Positionen ist der Wärmeerhalt des Betroffenen zu beachten und notwendige Maßnahmen zu ergreifen.

Flachlagerung
Eine Flachlagerung wird immer dann in Betracht kommen, wenn ein Verdacht auf Wirbelsäulenverletzungen besteht. Dazu wird der Verletzte flach auf den Rücken gelegt. Bei Bauchschmerzen oder Bauchverletzungen bietet sich eine leicht abgewandelte Flachlagerung an. Dazu werden die Knie des Betroffenen leicht angewinkelt und diese Position mit sinnvollen Hilfsmitteln unterstützt. Der Kopf wird leicht erhöht gelagert.

Abbildung 121: Flachlagerung

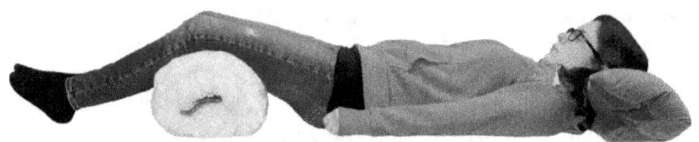

Abbildung 122: Flachlagerung bei Bauchverletzungen

Oberkörperhochlagerung
Bei Störungen des Herz-Kreislauf-Systems (z. B. Herzinfarkt), Schlaganfällen, Kopfverletzungen, Sonnenstich oder Atembeschwerden ist eine Oberkörperhochlagerung angezeigt. Das Ziel dabei ist es, die betroffenen Körperregionen (Kopf, Herz) nicht mit unnötigem Blutvolumen zu belasten. Beispielsweise wäre die klassische Schocklagerung (mit erhöhten Beinen) bei einem Schlaganfall völlig kontraproduktiv, da das Blut aus den Beinen den Körperkreislauf zusätzlich belastet.

Für die Oberkörperhochlagerung wird der Verletzte in Rückenlage gebracht und der Oberkörper mithilfe geeigneter Gegenstände oder baulicher Gegebenheiten (Wand) gestützt. Entscheidend ist, dass der Oberkörper oberhalb des Niveaus des Körperstammes positioniert ist, wobei der Winkel mindestens 30 Grad betragen sollte. Davon kann bei geringfügigen Verletzungen und einer vitalen Person abgewichen werden. In einem solchen Fall kann sich die Neigung weitgehend nach den Wünschen des Verletzten richten.

Abbildung 123: Oberkörperhochlagerung oder Sitzposition

Schocklagerung

Das Ziel der Schocklage ist es, dem Körperkreislauf aktuell in den Beinen nicht benötigtes Blut durch Hochlagerung der Füße zur Verfügung zu stellen. Der Verletzte liegt dazu auf dem Rücken und seine Beine werden z. B. mithilfe einer Decke oder vergleichbaren Mitteln 20 bis 30 cm hoch gelagert.

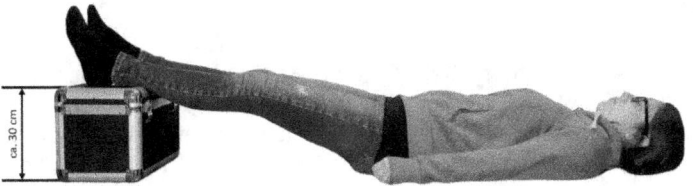

Abbildung 124: Schocklage

Bei einem kardiogenen bzw. einem obstruktiven Schock und bei bewusstlosen Personen darf die Schocklage nicht durchgeführt werden, da sie sich negativ auf den Zustand des Betroffenen auswirkt. Als Gedankenstütze kann die sogenannte „B-Regel" dienen. Diese bezieht sich auf die möglichen Verletzungsareale, die eine Schocklage ausschließen und alle mit dem Buchstaben „B" beginnen:

- **B** irne – Kopfverletzungen
- **B** rust – Herzprobleme (Infarkt), Lungenverletzungen
- **B** uckel – Wirbelsäulenverletzungen
- **B** auch – Verletzungen innerer Organe, Bauchschmerzen
- **B** ecken – Beckenbruch
- **B** eine – Brüche im Bereich der Beine, nach Hängezeit im Gurt

5.8 „D" – Disability (Wachheit/Orientierung)

Ein wacher und gesunder Mensch ist räumlich und zeitlich orientiert. Er kann Fragen zu seiner Person korrekt beantworten und reagiert auf äußere Reize, z. B. auf Schmerz. Wenn diese Fähigkeiten nicht mehr vorhanden oder stark eingeschränkt sind, wird die Person als bewusstlos bezeichnet. Gründe für diesen Verlust können kurzzeitige Kreislaufstörungen (z. B. durch angeborenen niedrigen Blutdruck in Verbindung mit bestimmten äußeren Einflüssen), Vergiftungen oder ernsthafte Erkrankungen und Verletzungen sein. Die kurzzeitigen

Kreislaufstörungen werden medizinisch als Synkopen bezeichnet und stellen in der Ersten Hilfe meist nur durch ihre Folgen (z. B. Sturz) ein Problem dar. Der Betroffene erholt sich nach kurzer Zeit wieder vollständig. Treten diese Synkopen häufig auf, sollten sie ärztlich abgeklärt werden.

Der Grad der Bewusstlosigkeit kann in unterschiedliche Stufen eingeteilt werden:

- **Benommenheit:** Denken und Handeln sind deutlich verlangsamt, Orientierungsfähigkeit ist herabgesetzt oder eingeschränkt, geringe spontane sprachliche Äußerungen, reduzierte Auffassungsgabe, Reaktion auf äußere Reize (z. B. Ansprechen, Anfassen).
- **Somnolenz:** Betroffener zeigt beständige Schläfrigkeit oder Schlafneigung, kann aber durch äußere Reize jederzeit geweckt werden, keine spontanen oder nur unverständliche sprachliche Äußerungen.
- **Sopor:** Betroffener kann nur noch mit Mühe oder durch Schmerzreize geweckt werden, keine sprachlichen Äußerungen, nicht mehr räumlich und zeitlich orientiert.
- **Koma:** Betroffener kann nicht mehr geweckt werden und zeigt keine Abwehrbewegungen mehr.

Da die vorgenannte Einteilung auf sehr subjektiven Einschätzungen basiert, hat sich in der Notfallversorgung die sogenannte Glasgow-Koma-Skala (GCS) zur Abschätzung der Bewusstseinsstörung etabliert. Mit ihrer Hilfe kann das Bewusstsein des Betroffenen anhand von vergebenen Punkten (3 = schlecht bis 15 = gut) beurteilt werden. Diese Beurteilung muss fortlaufend erfolgen, da der Verlauf von Bewusstseinsstörungen sehr dynamisch sein kann.

Öffnen der Augen	Verbale Äußerung	Motorische Reaktion
Spontan .... 4 Pkt.	Konversationsfähig, orientiert und koordiniert .. 5 Pkt.	Der Aufforderung entsprechend .... 6 Pkt.
Bei Ansprache/Geräusch ... 3 Pkt.	Unkoordiniert und wirr ..... 4 Pkt.	Gerichtete Bewegung bei Schmerzreiz .... 5 Pkt.
Bei Schmerzreiz .... 2 Pkt.	Unzusammenhängende Einzelworte .... 3 Pkt.	Ungerichtete Bewegung bei Schmerzreiz .... 4 Pkt.
Augen bleiben geschlossen .. 1 Pkt.	Unverständliche Laute ...... 2 Pkt.	Beugen bei Schmerz .... 3 Pkt.
	Keine .... 1 Pkt.	Strecken bei Schmerz ...... 2 Pkt.
		Keine .... 1 Pkt.

Abbildung 125: Glasgow-Koma-Skala

Diabetes mellitus (Zuckerkrankheit)

Diabetes ist eine Störung des Zuckerstoffwechsels, bei welcher der Blutzuckerspiegel der Betroffenen dauerhaft erhöht ist. Wird die Störung nicht erkannt, werden mit der Zeit Gefäße, Nerven und verschiedenste Organe geschädigt. Es werden hauptsächlich zwei Diabetesformen unterschieden:

- **Typ-1-Diabetes:** Beginnt meist in der Jugend und entsteht durch die Zerstörung der Insulin produzierenden Zellen, Typ-1-Diabetes wird immer mit Insulin behandelt.
- **Typ-2-Diabetes:** Betrifft meist ältere Menschen, beginnt langsam und beruht auf einer zunehmenden Unempfindlichkeit der Zellen gegenüber dem Insulin, Typ-2-Diabetes wird in der Regel mit Medikamenten und/oder Insulin behandelt.

Es gibt weitere Diabetes-Typen, die allerdings nur eine untergeordnete Rolle spielen. Der Blutzuckerspiegel wird in zwei unterschiedlichen Maßeinheiten gemessen. Während die Einheit mmol/l international und in den neuen Bundesländern weit verbreitet ist, findet man in den alten Bundesländern der BRD noch häufig die Einheit mg/dl. Beide Einheiten eignen sich zur Beurteilung des Blutzuckerspiegels. Wichtig ist die Unterscheidung bei der Beurteilung der Messwerte. Deshalb muss bekannt sein, auf welche Maßeinheiten das Messgerät eingestellt ist.

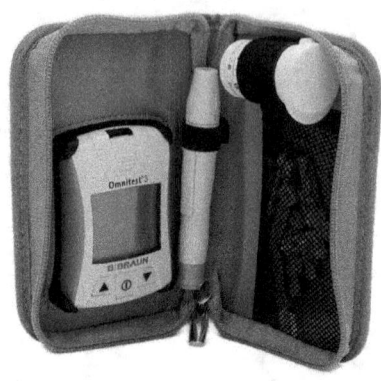

Abbildung 126: Typisches Blutzuckermessgerät mit Stechhilfe und Teststreifen

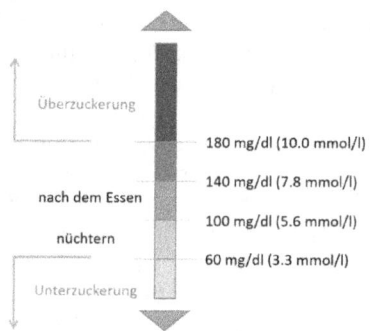

Abbildung 127: Diabetes

Da die Toleranz des Körpers bei zu hohen Blutzuckerwerten deutlich größer ist als bei niedrigen Blutzuckerwerten, spielt im Rahmen der Ersten Hilfe normalerweise nur die Unterzuckerung eine Rolle. Ausnahmen gibt es bei extrem hohen Werten im Blut, bei denen dann wegen der drohenden Bewusstlosigkeit dringende Erste Hilfe notwendig wird. Eine Unterzuckerung hat in der Regel keine organische Ursache, sondern entsteht durch eine zu hohe Dosis von zuckersenkenden Medikamenten, durch Wechselwirkungen mit anderen Arzneimitteln oder durch eine zu hohe Gabe von Insulin. Daher sind typischerweise Menschen mit bekanntem Diabetes von einer Unterzuckerung betroffen. Da ein gut eingestellter Diabetes heute kein Grund für die ärztliche Versagung der Tauglichkeit ist, sollten betroffene Mitarbeiter ihre Kollegen über ihre Erkrankung in Kenntnis setzen. So kann im Fall der Unterzuckerung schnell und zielgerichtet geholfen werden.

Symptome der Unterzuckerung (unter 50 mg/dl bzw. 3,0 mmol/l):

- Blasse Haut, Schweißausbrüche, Zittern, Pulsrasen, Unruhe, Schwindelgefühl, Sehstörungen, unangemessenes, oft albernes oder aggressives Verhalten, Bewegungsstörungen
- Hypoglykämischer Schock mit Orientierungslosigkeit, Lähmungserscheinungen, Krampfanfall, Bewusstlosigkeit

Solange der Betroffene bei Bewusstsein und wach ist, kann mit der Aufnahme von Zucker der Unterzuckerung schnell entgegengewirkt werden. Geeignet dazu sind Traubenzuckerbonbons oder süße Getränke. Ideal für den Notfall ist ein Glukose-Gel, das auch noch bei leicht schläfrigen Personen genutzt werden kann. Bei Getränken und Bonbons muss der Betroffene in der Lage sein, diese zu schlucken. Ist eine Aufnahme von Zucker über den Mund nicht mehr möglich, bedarf der Betroffene dringend ärztlicher Hilfe.

Symptome der Überzuckerung (über 250 mg/dl bzw. 13,9 mmol/l):

- Verstärkte Atmung, starker Durst, häufiges Wasserlassen, Kopfschmerzen, Benommenheit, Bauchschmerzen, Sodbrennen, Erbrechen, beschleunigter Puls, Hautjucken, Müdigkeit, zunehmende Bewusstseinseintrübung
- Atem riecht nach Azeton (Nagellackentferner), Gang ist taumelnd, Verwechselung mit Betrunkenen möglich
- Bewusstlosigkeit, ab 400 mg/dl bzw. 22,2 mmol/l

Bei einer Überzuckerung hat der Ersthelfer normalerweise keine Möglichkeit für spezielle Erste-Hilfe-Maßnahmen. Wird der Betroffene bewusstlos, wird er unabhängig von der Zuckererkrankung wie jeder andere medizinische Notfall versorgt – bis hin zur Reanimation. Wichtig sind die kurzfristige medizinische Versorgung und eine Versorgung mit Wasser (keine zuckerhaltigen Getränke).

Vergiftungen mit biologischen/chemischen Stoffen
Der Schweizer Arzt Paracelsus hat bereits 1538 feststellt: „Alle Dinge sind Gift, und nichts ist ohne Gift; allein die Dosis machts, dass ein Ding kein Gift sei." Dieser Satz gilt auch heute noch uneingeschränkt und macht Vergiftungen oft zu schwierigen Situationen in der Ersten Hilfe. Schwierig, weil das Spektrum der auslösenden Substanzen sehr groß ist, die Schwere der Vergiftung für den Ersthelfer oft nicht erkennbar ist und die Möglichkeiten, Erste Hilfe zu leisten, sehr begrenzt sind. Ein weiteres Problem ist der Eigenschutz, der bei Vergiftungen nicht immer gewährleistet werden kann (z. B. bei giftigen Gasen) und Hilfeleistungen daher im Wege steht. Für die spätere Behandlung ist es wichtig, möglichst frühzeitig genaue Informationen zu der vergiftenden Substanz zu gewinnen (z. B. anwesende Personen oder den Betroffenen selbst befragen). Nur so können im weiteren Verlauf der Behandlung die richtigen Maßnahmen ergriffen werden.

Die giftigen Substanzen können über verschiedene Wege aufgenommen werden:

- Durch den Mund und damit durch den Verdauungstrakt (zum Beispiel Medikamente)
- Über die Atemwege (zum Beispiel giftige Gase)
- Über das Blut (zum Beispiel durch eine Injektion oder einen Insektenstich)
- Über die Haut oder über die Augen (zum Beispiel giftige Chemikalien)

Allgemeine Symptome für eine Vergiftung sind:

- Übelkeit, Erbrechen, Durchfall
- Schwindel
- Kopfschmerzen
- Verstärkter Speichelfluss
- Erregtheit bis hin zur Aggression
- Müdigkeit
- Bewusstseinseintrübung bis hin zur Bewusstlosigkeit
- Atemnot bis hin zum Atemstillstand

Die Erste-Hilfe-Maßnahmen sind abhängig von dem Aufnahmeweg des Giftes. Bei allen Varianten ist dem Eigenschutz höchste Beachtung zuzumessen. Beispielsweise ist auch an den Kontakt mit giftigen Substanzen im Erbrochenen des Betroffenen oder an vergessene und benutzte Spritzen zu denken, an denen sich der Ersthelfer stechen könnte.

Aufnahme über den Mund: Es darf auf keinen Fall Erbrechen ausgelöst werden. Beim Erbrechen besteht die Gefahr, dass das Erbrochene in die Atemwege gelangt und diese verlegt. Außerdem muss davon ausgegangen werden, dass die giftigen Substanzen die Speiseröhre bereits beim Schlucken geschädigt haben. Würden diese den gleichen Weg nochmals passieren, würde es zu einer erneuten Schädigung kommen. Sinnvoll ist es dagegen, das im Körper befindliche Gift mit Wasser oder Tee zu verdünnen. Entgegen der weitverbreiteten Meinung ist Milch nicht geeignet, da sie die Aufnahme des Giftes im Darm beschleunigt.

Lebensmittelvergiftungen haben ihre Ursache in der Aufnahme von mit Bakterien belasteten Lebensmitteln. Die bekannteste Form ist die Salmonelleninfektion. Die Symptome gleichen denen einer Magen-Darm-Grippe. Typisch sind schnell einsetzende Übelkeit, Erbrechen, Bauchkrämpfe und Durchfall. Bei gesunden Personen vergehen die Symptome innerhalb weniger Tage. Sie sollten aber medizinisch untersucht und entsprechend behandelt werden.

Aufnahme über die Atemwege: Gerade bei giftigen Gasen muss als Erstes an den Eigenschutz gedacht und die Ursache für den Austritt der Gase abgestellt werden. Wenn der Betroffene ohne Gefahr erreicht werden kann, ist er schnellstmöglich aus der gefährlichen Umgebung zu transportieren. Der gleiche Effekt kann auch mit einer effektiven Belüftung erreicht werden.

Aufnahme über das Blut: Eine Aufnahme über das Blut setzt normalerweise eine Injektion oder einen Insektenstich voraus. Dieser Aufnahmeweg wird im Umfeld der Windindustrie vermutlich statistisch unbedeutend sein. Der Ersthelfer hat keine Möglichkeiten, den Betroffenen über die üblichen Erste-Hilfe-Maßnahmen hinaus zu unterstützen.

Aufnahme über die Haut: Der Ersthelfer muss bei allen Maßnahmen darauf achten, nicht selbst mit dem Gift in Kontakt zu geraten. Damit in der Kleidung vorhandenes Gift nicht weiter seine Wirkung entfalten kann, ist diese soweit wie notwendig zu entfernen und die betroffene Haut unter fließendem Wasser zu reinigen.

In Deutschland besteht ein Netz aus Giftnotrufzentralen, die in der Regel an ein Klinikum angeschlossen sind. Diese halten für die meisten Substanzen Informationen für den Vergiftungsfall vor und können den Ersthelfer sehr gezielt unterstützen. Eine vollständige Liste der Telefonnummern findet man im Internet. Sinnvoll ist es, die entsprechende Rufnummer im Telefon zu speichern oder in den Aushängen zur Ersten Hilfe zu hinterlegen. Bei der Nutzung der Telekonsultation kann der Telemediziner die Giftnotrufzentrale direkt konsultieren.

Werden an einem Arbeitsplatz in der Windindustrie regelmäßig giftige Substanzen genutzt, sollten sich alle Beteiligten – unabhängig von anderen bestehenden Vorschriften zur Lagerung und Benutzung der Substanzen – mit dem Betriebsarzt und der zuständigen Notrufzentrale zusammensetzen und über die Versorgung in Notfallsituationen sprechen. Beispielsweise sollte über das Vorhalten von bestimmten Antidoten (Gegenmittel für eine bestimmte Substanz) gesprochen werden. Die Ergebnisse dieser Gespräche müssen dann in der Gefährdungsbeurteilung und in den Notfall- und Rettungskonzepten festgehalten werden.

Verätzungen
Verätzungen werden durch die Einwirkung von Laugen oder Säuren auf das Körpergewebe hervorgerufen. Der Grad der Schädigung ist abhängig von der Konzentration, der Menge und der Dauer der Einwirkung der ätzenden Stoffe. Viele der ätzenden Stoffe sind nicht nur ätzend, sondern verursachen – neben der Gewebeschädigung – gleichzeitig schwere Vergiftungen. Die größere Gefahr geht in der Regel von Laugen aus. Das liegt an der unterschiedlichen Wirkungsweise. Während Säuren menschliches Gewebe gerinnen und absterben lassen (es bildet sich ein fester, trockener Schorf), verflüssigen Laugen es und können so wesentlich tiefer in das Gewebe eindringen. Sie bilden einen weißlichen, weicheren Schorf.

Bei Verätzungen ist aus den genannten Gründen besonderes

Augenmerk auf die Eigensicherheit zu legen (z. B. Schutzhandschuhe und -brille tragen). Mit den Substanzen benetzte Kleidung ist vorsichtig zu entfernen und der betroffene Bereich mit viel fließendem Wasser zu spülen. Dabei ist darauf zu achten, dass das abfließende Wasser einen möglichst kurzen Weg über die Haut nimmt. Es soll so verhindert werden, dass mit den ätzenden Stoffen versetztes Wasser weitere Hautareale schädigt. Wenn kein fließendes Wasser vorhanden ist, darf das verbrauchte Wasser aus den gleichen Gründen nicht erneut benutzt werden. Sollte überhaupt kein Wasser vorhanden sein, müssen die ätzenden Stoffe mit Tupfer oder Zellstoff-Kompressen abgetupft werden. Dabei darf jeder Tupfer oder jede Kompresse nur einmal benutzt werden. Für den Transport muss die Wunde verbunden werden.

Verätzungen und Verletzungen der Augen
Verätzungen des Auges und Augenverletzungen können im Vorfeld durch wirksame Schutzmaßnahmen weitgehend vermieden werden. Muss im Rahmen der jeweiligen Tätigkeit mit augengefährdenden Stoffen umgegangen werden bzw. bestehen sonstige Gefahren für die Augen (z. B. Metallspäne), muss der Arbeitgeber spezielle Erste-Hilfe-Ausrüstung vorhalten. Dazu zählen vor allem – abhängig vom Risiko – Augenduschen und Augenspülflaschen.

Die Symptome sind je nach Verletzungshergang unterschiedlich ausgeprägt. Augenverletzungen sind meist offensichtlich und auch für den Laien schnell erkennbar. Bei Verätzungen sind sie u. a. abhängig von der Substanz, der Konzentration und der Einwirkdauer. Allgemeine Symptome bei Verätzungen und Verletzungen der Augen sind u. a.:

- Rötung
- Schwellung
- Schmerzen (bei schweren Verätzungen können diese fehlen)
- Lidkrampf
- Tränenträufeln

Um die Substanzen auszuspülen bzw. zu verdünnen oder um Fremdkörper aus dem Auge zu spülen, muss das Auge unter fließendem Wasser gespült (z. B. am Wasserhahn oder Augendusche) werden. Dazu liegt der Betroffene auf dem Boden und dreht den Kopf auf die Seite des betroffenen Auges. Damit die ätzenden Substanzen oder die Fremdkörper beim Auswaschen das unverletzte Auge nicht schädigen, muss dieses immer nach oben zeigen. Aus etwa 10 cm Höhe wird nun Wasser in den inneren Augenwinkel gegossen oder fließen gelassen (weicher Strahl), sodass es über den Augapfel und den äußeren Augenwinkel abfließt. Ist unmittelbar kein fließendes Wasser verfügbar, können Augenspülflaschen für die erste Spülung genutzt werden.

Abbildung 128: Benutzung Augenspülflasche

Für den Transport werden beide Augen mit einem keimfreien Verband abgedeckt. Nur so kann gewährleistet werden, dass das verletze Auge ruhiggestellt wird. Da der Betroffene mit dem Verband nichts mehr sehen kann, ist eine intensive Betreuung durch den Ersthelfer unabdingbar.

In jedem Fall ist bei Verätzungen und Verletzungen des Auges schnelles Handeln notwendig. Das Auge darf nicht gerieben werden. Fremdkörper werden – soweit nicht ausspülbar – im Auge belassen und mit verbunden. In jedem Fall sollte ein Arzt das Auge beurteilen.

Knochenbrüche und Verletzungen der Gelenke/Muskeln
Die sekundäre Untersuchung bietet sich für eine weiterführende Begutachtung des Betroffenen an. Diese Kontrolle des Körpers von Kopf bis Fuß auf Verletzungen bzw. Veränderungen wird als Bodycheck bezeichnet. Während der Durchführung ist auf Schmerzäußerungen bzw. Gefühlsstörungen beim Abtasten des Körpers zu achten. Den Bodycheck beginnt man am Kopf und nie gegen den Willen eines ansprechbaren Betroffenen. Der Bodycheck kann nach folgender Vorgehensweise durchgeführt werden:

Kopf
- Blutungen aus dem Gesichtsschädel (Mund, Nase, Ohren)
- Veränderungen im Bereich der Schläfen, Kiefergelenke
- Kontrolle auf Veränderungen der Pupillen
  - stark verengte (stecknadelkopfgroße) Pupillen, z. B. bei Vergiftung mit Morphinen
  - Pupillen weit und lichtstarr bei Sauerstoffmangel im Gehirn (z. B. Atemstillstand, Schädel-Hirn-Verletzungen)
  - Seitendifferenz der Pupillen, z. B. bei Schlaganfall

Arme (inkl. Schlüsselbein)
- Arme und Hände auf Verletzungen sowie auf Knochenbrüche untersuchen
- Empfindungsstörungen und Bewegungsstörungen

Brust
- Abtasten des Brustkorbes, auf Anomalien bei der Atmung (z. B. Seitendifferenzen) achten
- Untersuchung des Rückens

Bauch
- Schmerzen im Bauchraum, Abwehrspannung?
- Kontrolle auf Hämatome im Bereich der Bauchdecke und des Beckens

Beine
- Beine und Füße auf Verletzungen sowie Knochenbrüche hin untersuchen
- Empfindungsstörungen und Bewegungsstörungen

Eine bereits bestehende Verbindung zum Telemediziner kann während des Bodychecks sehr nützlich sein, da sofort eine ärztliche Beurteilung des Zustandes zur Verfügung steht. Er kann an Hand der Vitaldaten eine eventuelle Verschlechterung des Zustands vorhersehen und passende Anweisungen geben. Sofern bereits professionelle Rettungskräfte angefordert sind, können diese durch den Telemediziner auf den zu erwartenden Zustand des Verletzten vorbereitet werden.

Knochenbrüche sind während des Bodychecks gut an folgenden Symptomen zu identifizieren:

- Fehlstellung oder abnorme Beweglichkeit einer Extremität
- Starke Schmerzen
- Geräusche („Knirschen") bei Bewegung
- Bewegungseinschränkung
- Schonhaltung
- Bluterguss und Schwellung
- Offener Knochenbruch: Heraustreten von Knochen aus einer Wunde

Die Knochen sind mit einer Knochenhaut überzogen, in der viele Nervenfasern verlaufen. Bei einem Bruch reißt diese ein und verursacht dem Betroffenen meist starke Schmerzen. Außerdem kann ein Knochenbruch im Bereich der Oberschenkel oder des Beckens starke innere Blutungen verursachen.

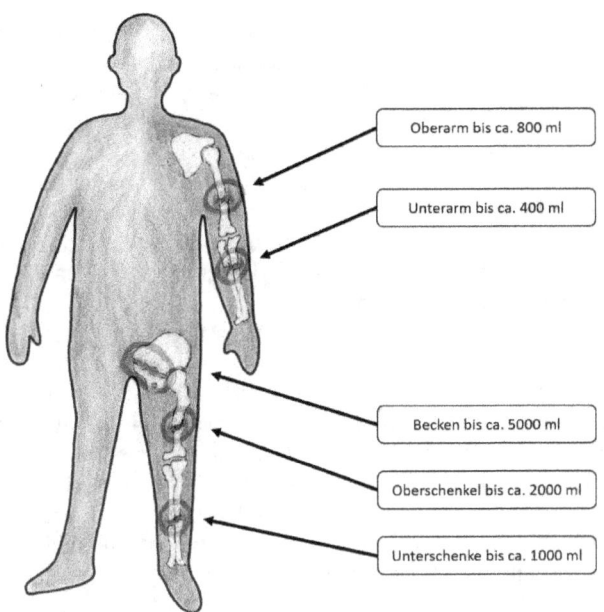

Abbildung 129: Möglichen Blutmengen bei Einblutungen durch Knochenbrüche

Um Schmerzen zu verhindern, darf der Betroffene während der Erste-Hilfe-Maßnahmen möglichst wenig bewegt werden. Zusätzlich muss immer an einen drohenden Schock (neurogener Schock, Volumenmangelschock) und dessen Konsequenzen gedacht werden. Ein Transport sollte deshalb – außer aus Gefahrenbereichen – erst durch professionelle Rettungskräfte durchgeführt werden, da diese über die Möglichkeit zur medikamentösen Schmerzstillung verfügen. Der Ersthelfer muss sich bis zum Eintreffen der Rettungskräfte bei Brüchen der größeren Knochen (Arm, Bein) somit meist darauf beschränken, die jeweilige Extremität ruhigzustellen (entsprechende Lagerung, Unterpolsterung) und einen möglicherweise offenen Bruch mit sterilen Kompressen abzudecken. Dabei müssen die Wünsche des Betroffenen Berücksichtigung finden, da er selbst am besten weiß, was für ihn die schmerzärmste Lagerung ist. Bei geschlossenen Brüchen kann der betroffene Bereich gekühlt werden.

Ist ein Transport notwendig oder muss der Betroffene aus einem Gefahrenbereich hinausbewegt werden, kann über eine Immobilisation der betroffenen Extremität nachgedacht werden. An dieser Stelle von „Schienung" zu sprechen, währe falsch, da diese eine Positionierung des Knochens in seine Normalstellung voraussetzt. Ohne starke Schmerzmedikation ist dies aber für den Betroffenen unzumutbar und würde schlimmstenfalls die Situation nur verschlimmern. Bei der Immobilisation durch den Laienhelfer wird versucht, die Extremität in der für den Betroffenen schmerzärmsten Position zu fixieren.

Für die Immobilisation haben sich in der Praxis Aluminiumpolsterschienen bewährt, die als „Splint-Schienen" bezeichnet werden. Dabei handelt sich um dünne Aluminiumbleche, welche mit einem weichen Material überzogen sind und sich leicht formen lassen. Sie zeichnen sich durch ein geringes Packmaß aus und sind nach dem Formen stabil genug, um den Bruch gut zu immobilisieren. Die an die Extremität angepasste Schiene wird mit selbsthaftenden Verbänden fixiert.

Abbildung 130: Splint-Schienen mit selbsthaftenden Verbänden

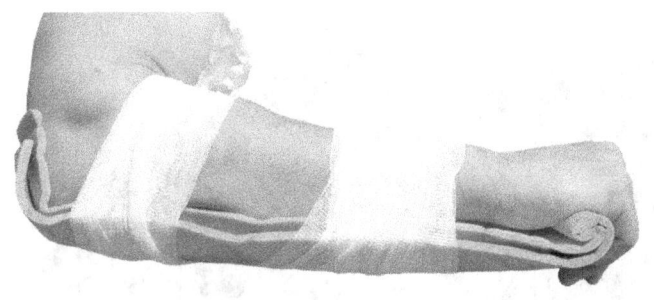

Abbildung 131: Immobilisation Arm mit Splint-Schiene

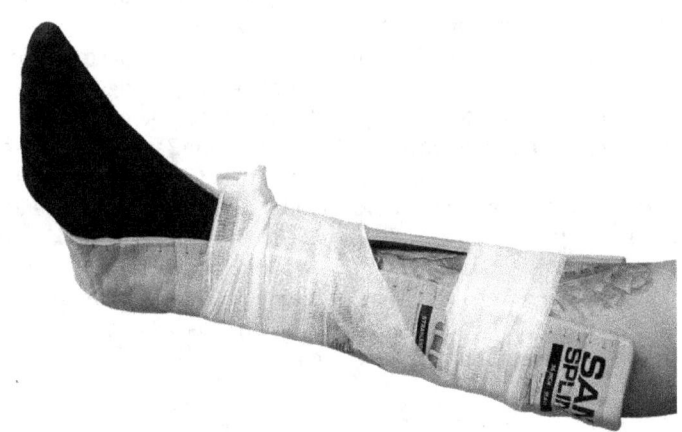

Abbildung 132: Immobilisation Fuß mit Splint-Schiene

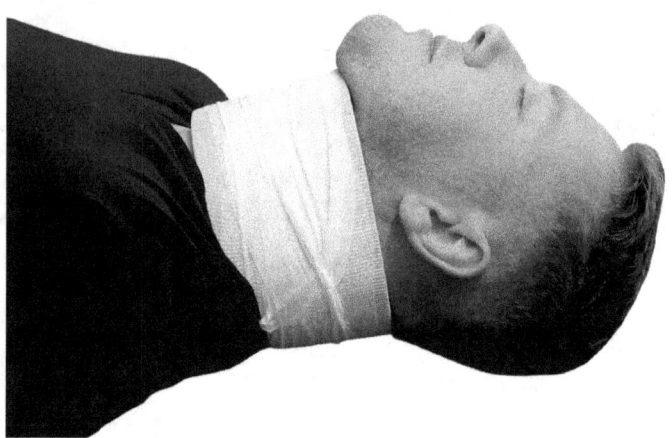

Abbildung 133: Immobilisation Halswirbelsäule mit Splint-Schiene

Wie auf der Abbildung 132 zu sehen, kann die Splint-Schiene bei Verdacht auf eine Verletzung an der Halswirbelsäule zu deren Immobilisation genutzt werden. Besser geeignet sind hierfür Zervikalstützen. Diese werden umgangssprachlich Halskrause oder Stiffneck genannt. Der Einsatz einer Zervikalstütze ist indiziert, wenn ein Verdacht auf eine Verletzung der Halswirbelsäule besteht. Dieser Verdacht besteht immer dann, wenn es bei dem Unfallgeschehen zu einer großen Gewalteinwirkung auf den Körper gekommen ist, z. B. bei Stürzen oder Unfällen im Straßenverkehr. Die Zervikalstütze stellt keine vollständige Immobilisation der Halswirbelsäule dar. Dazu bedarf es einer weiteren, die vollständige Wirbelsäule umfassenden Fixierung des Kopfes z. B. durch ein Spineboard mit Kopffixierung. Durch eine korrekt angelegte Zervikalstütze können aber beim Bewegen oder Transport des Betroffenen unerwünschte Zugkräfte auf die Halswirbelsäule vermieden und eine zusätzliche Schädigung des Rückenmarks verhindert werden.

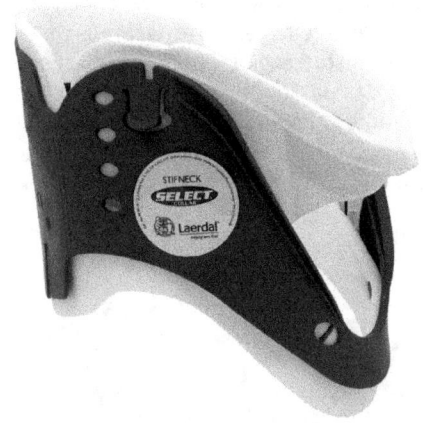

Abbildung 134: Zervikalstütze

Bei bewusstlosen Personen darf die Zervikalstütze nur nach einer entsprechenden Sicherung der Atemwege angewendet werden, da ein Überstrecken des Kopfes nicht mehr möglich ist. Kommt hierfür der Larynx-Tubus oder der i-gel®-Tubus zum Einsatz, muss das Einsetzen des Tubus vor Anlage der Zervikalstütze erfolgen oder die Zervikalstütze dafür kurzzeitig geöffnet (nicht entfernt) werden. Der Grund liegt ebenfalls in der fehlenden Möglichkeit, den Kopf ausreichend zu überstrecken. Stehen keine Möglichkeiten zur Sicherung der Atemwege zur Verfügung, muss beim Verbringen in die stabile Seitenlage sehr genau darauf geachtet werden, dass der Kopf immer achsengerecht mitbewegt wird. Das kann am besten mit zwei Helfern sichergestellt werden. War der Betroffene anfangs bei Bewusstsein und setzt die Bewusstlosigkeit erst im späteren Verlauf ein, wird die Zervikalstütze geöffnet (nicht entfernt) und die Person in die stabile Seitenlage verbracht.

Für das Anlegen einer Zervikalstütze werden zwei Personen benötigt. Der erste Helfer kniet am Kopfende des Betroffenen und fixiert dessen Kopf mit seinen Händen. Dabei ist darauf zu achten, dass der Kopf in der Neutralposition verbleibt und keine Druck- oder Zugkräfte auf die Halswirbelsäule ausgeübt werden. Sofern der Betroffene bei Bewusstsein ist, sollten ihn die Ersthelfer über ihr weiteres Handeln aufklären. Falls notwendig, drehen nun beide Helfer den Betroffenen achsengerecht in die Rückenlage. Störende

Kleidungs- und Schmuckstücke im Einsatzbereich der Zervikalstütze müssen vom zweiten Helfer entfernt werden. Da es verschiedene Größen der Zervikalstütze gibt (Kinder, Erwachsene), wählt nun der zweite Helfer das passende Exemplar und stellt dieses passend auf den Kinn-Schulter-Abstand des Betroffenen ein. Dieser Abstand kann relativ einfach mit der eigenen Hand an dem Betroffenen gemessen werden.

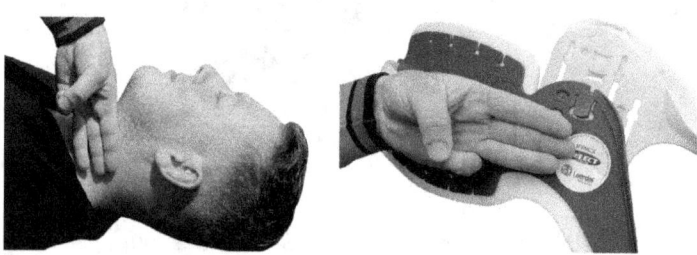

Abbildung 135: Abmessen der richtigen Einstellung der Zervikalstütze

Der zweite Helfer schiebt die Zervikalstütze nun direkt unter den Nacken des Betroffenen und verschließt sie mit dem Klettverschluss. Das Kinn der verletzten Person muss sicher auf dem gepolsterten Kinnstück der Zervikalstütze liegen. Der erste Helfer achtet während des gesamten Vorgangs ausschließlich auf die neutrale Position des Kopfes.

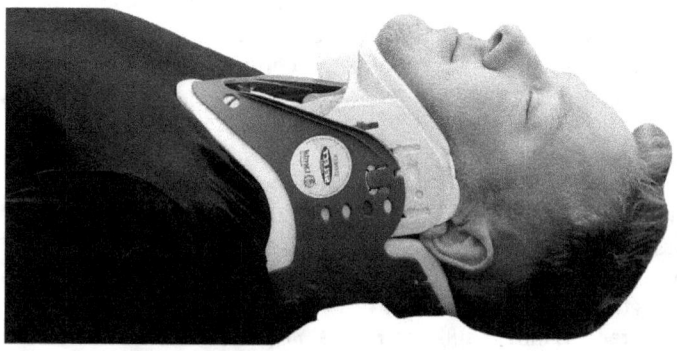

Abbildung 136: Korrekt angelegte Zervikalstütze

Zur gezielten Immobilisation eines gebrochen Beckenknochens ist die Beckenschlinge ein einfach anzulegendes und effektives Hilfsmittel. Wie bereits beschrieben, kann der Bruch des Beckenknochens wegen seiner guten Durchblutung außerdem starke innere Blutungen auslösen. Die Beckenschlinge bringt das Becken zurück in seine anatomische Ursprungsposition und reduziert somit den freien Raum für eventuelle Blutansammlungen im Becken zu verkleinern, ist der Einsatz der Beckenschlinge uneingeschränkt zu empfehlen. Durch die Immobilisation profitiert der Betroffene von einer gewissen Schmerzstillung, was den späteren Transport erleichtert. Da der Einsatz der Beckenschlinge keinerlei unerwünschte Nebenwirkungen hat, falls die Vermutung eines Beckenbruchs nicht zutrifft, sollte sie bereits bei dem leisesten Verdacht auf eine Verletzung des Beckenknochens (also bei allen schweren Stürzen) eingesetzt werden. Wichtig ist dabei neben der Entleerung der Hosentaschen (Verletzungsgefahr) allerdings die korrekte Positionierung der Beckenschlinge.

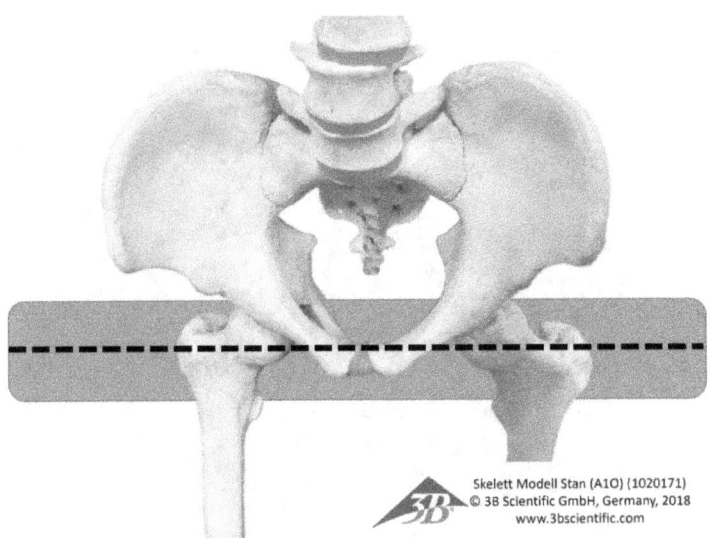

Abbildung 137: Positionierung der Beckenschlinge

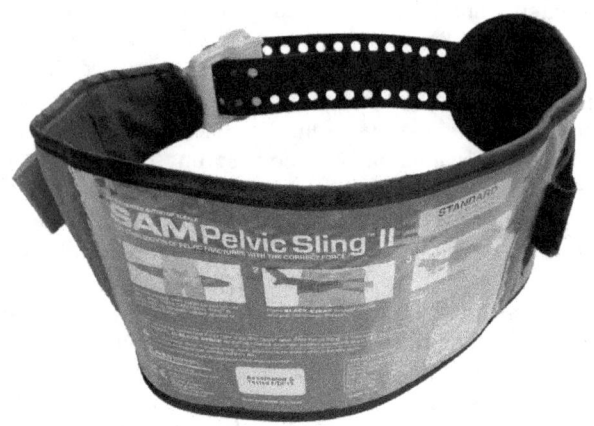

Abbildung 138: Beckenschlinge

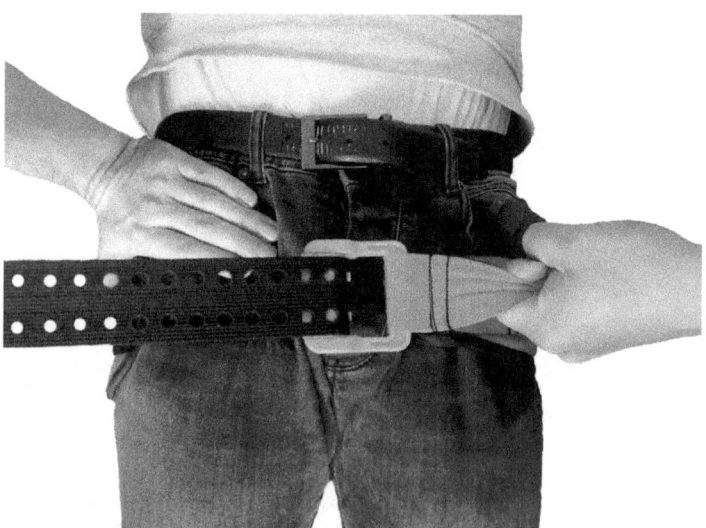

Abbildung 139: Anwendung Beckenschlinge

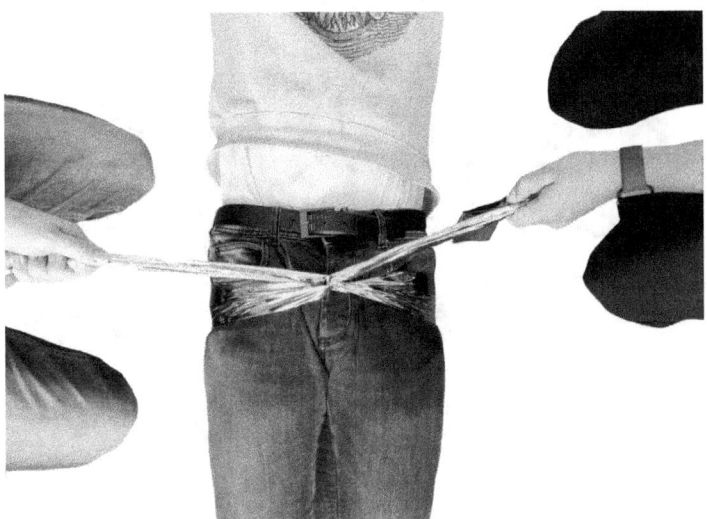

Abbildung 140: Behelfsmäßige Beckenschlinge mit Rettungsdecke

Für eine Vollimmobilisation des Betroffenen ist das Spineboard in Kombination mit Zervikalstütze und Kopffixierung das Mittel der Wahl. Außerdem kann die verletzte Person achsengerecht auf das Spineboard verbracht werden. Gerade in beengten Räumen eignet sich das Spineboard zudem hervorragend für den Transport des Betroffenen. Die Vorteile des Spineboards sind:

- Leicht, stabil und strapazierfähig
- Kleine Abmessungen
- Schonender Transport des Betroffenen
- Thermische und elektrische Isolation (Defibrillation)
- Mit mehreren Helfern gut zu tragen (Gewicht Betroffener)
- Schwimmfähig und für die Wasserrettung einsetzbar

Bei allen Stärken hat das Spineboard aber auch Schwächen. Der Einsatz eines Spineboards ist immer dann nicht möglich, wenn die verletzte Person wegen ihrer Verletzungen (z. B. beidseitige Oberschenkelfraktur, instabile Beckenfraktur ohne Beckenschlinge) nicht auf die Seite gedreht werden darf. Außerdem ist das Spineboard nicht zerlegbar und nicht hitzebeständig.

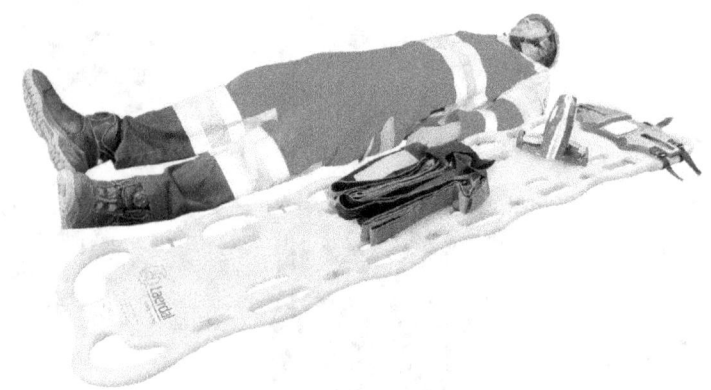

Abbildung 141: Anwendung des Spineboards Schritt 1

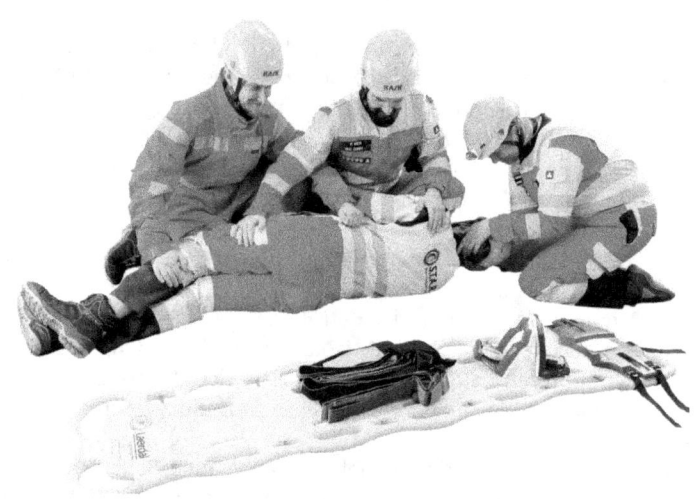

Abbildung 142: Anwendung des Spineboards Schritt 2

Abbildung 143: Anwendung des Spineboards Schritt 3

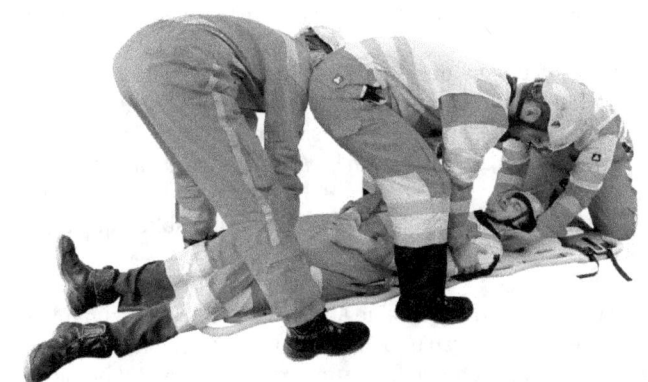

Abbildung 144: Anwendung des Spineboards Schritt 4

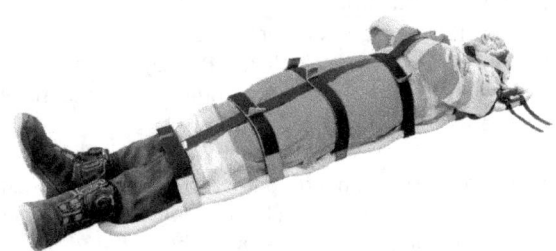

Abbildung 145: Korrekt fixierte verletzte Person auf dem Spineboards

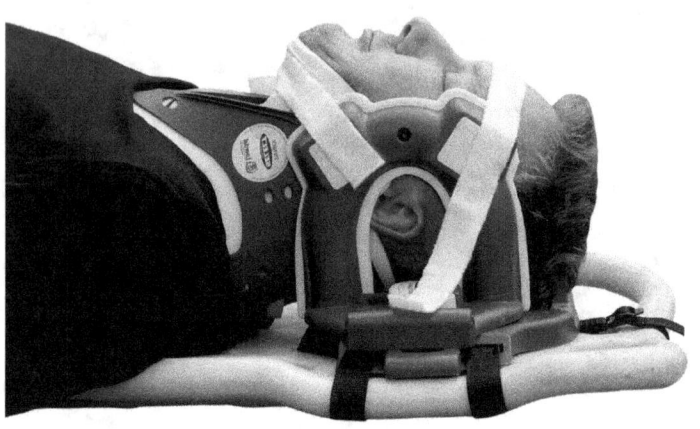
Abbildung 146: Spineboard in Kombination mit Zervikalstütze und Kopffixierung

Zu den Verletzungen der Muskeln, Sehnen und Bänder – sogenannte Weichteilverletzungen – zählen Verstauchungen, Zerrungen und Prellungen. Dabei handelt es sich in erster Linie um häufige Sportverletzungen, die aber auch im Arbeitsumfeld eine statistische Relevanz aufweisen. Für deren Behandlung hat sich die RICE-Methode etabliert. Die Bezeichnung RICE ist eine Abkürzung aus den Worten:

- **R** est (Ruhe): Verhindert eine Ausbreitung der Verletzungen oder weitere Verletzungen und gibt dem Körper Zeit sich zu erholen.
- **I** ce (Kühlen): Schmerzlinderung, durch Kälte stellen sich die Blutgefäße eng und verhindern so weitere Einblutungen in das Gewebe.
- **C** ompression (Kompression): Äußerer Druck soll die Schwellungen unter Kontrolle bringen.
- **E** levation (Lagerung über Herzniveau, Hochlagerung): Es soll nicht unnötig viel bzw. zusätzliches Blut zu dem betroffenen Bereich fließen, dadurch werden Schmerzen und Schwellungen vermindert.

Auch wenn die Erklärungen plausibel erscheinen, sind die gewünschten Effekte medizinisch nur teilweise nachgewiesen. Trotzdem ist die RICE-Methode weit verbreitet und wird für die vorgenannten Verletzungen häufig empfohlen.

Wenn der Betroffene nach Gewalteinwirkung auf den Brustbereich über Schmerzen oder Schwierigkeiten beim Atmen klagt, kann das auf eine Beschädigung der Brustorgane (Herz, Lunge, große Blutgefäße, Luftröhre) oder auf einen Rippenbruch hindeuten. Rippenbrüche sind sehr schmerzhaft, aber meist harmlos. Wenn keine offenen Wunden zu sehen sind, muss sich der Ersthelfer auf allgemeine Erste-Hilfe-Maßnahmen und eine möglichst schmerzarme Lagerung bei wachen Personen beschränken.

Ist ein Gegenstand in den Brustkorb eingedrungen und steckt noch in der Wunde, verbleibt dieser – wie bei allen anderen Wunden – in jedem Fall in der Wunde. Durch das Entfernen können ansonsten innere Blutungen verstärkt werden.

Befindet sich der Gegenstand, bedingt durch den Unfallhergang, nicht mehr in der Wunde, besteht die Gefahr, dass durch die Atembewegungen Luft in den Bereich zwischen Lunge und innerem Brustkorb gelangt. Diese „Luftblase" wird mit jedem Atemzug größer und da die Luft nicht mehr entweichen kann, schränkt sie die Funktion der Lunge immer weiter ein. Für diese Form der Brustkorbverletzungen wurden spezielle Thoraxpflaster (engl. chest seal) entwickelt. Sie dienen der Versiegelung des Brustkorbs und sollen den Betroffenen vor dem weiteren Eindringen von Luft in den Bereich der Lunge schützen. Diese Pflaster sind auch mit einem integrierten Ventil verfügbar. Sie sollen nicht nur das Eindringen von Luft in den Brustkorb verhindern, sondern gleichzeitig das Ausströmen bereits vorhandener Luft ermöglichen. Sie sind auch vom Laienhelfer einfach anzuwenden und werden direkt auf die Wunde geklebt. Das transparente Material und die hohe Klebkraft vereinfachen die Anwendung zusätzlich.

Abbildung 147: Thoraxpflaster (chest seal)

5.9 „E" -Exposition (Wärmeerhalt und äußere Einflüsse)
Bei allen beeinträchtigten oder verletzten Personen, egal ob bewusstlos oder bei Bewusstsein, ist besonders in den kalten Jahreszeiten oder an dem Wetter besonders ausgesetzten Orten auf die Aufrechterhaltung der Körpertemperatur zu achten.

Im täglichen Leben ist unser Körper auch bei Schwankungen der Umgebungstemperatur in der Lage, die Körperkerntemperatur bei rund 37 °C zu halten. Ist der Körper aufgrund von Erkrankungen oder Verletzungen bereits geschwächt, funktioniert diese Thermoregulation nicht zuverlässig und es kann schnell eine Unterkühlung (Hypothermie) eintreten. Spätestens bei einer Körperkerntemperatur von unter 35 °C kommt es zum Versagen lebenswichtiger Organsysteme, was im späteren Verlauf zum Tod führt. Eine Unterkühlung kann in drei Stadien eingeteilt werden.

Milde Hypothermie (32–35 °C): Typisches Kennzeichen ist das Muskelzittern, mit dem der Körper versucht, die Körperkerntemperatur konstant zu halten, in den Extremitäten ziehen sich die Blutgefäße zusammen und verringern die Durchblutung der äußeren Körperregionen, dadurch entstehen zwei Temperaturzonen – eine äußere Schale mit niedrigen Temperaturen und höhere Temperaturen im Körperkern, ein Wärmeaustausch zwischen Schale und Körperkern findet kaum noch statt, der Betroffene wirkt apathisch und besitzt nur noch ein eingeschränktes Urteilsvermögen.

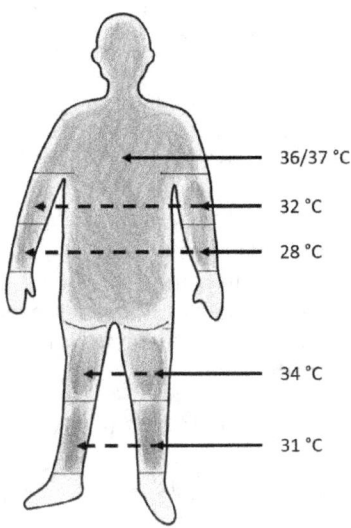

Abbildung 148: Temperaturzonen bei Unterkühlung

Mittelgradige Hypothermie (28–32 °C): Das Muskelzittern als Symptom der schwachen Hypothermie ist nicht mehr oder nur noch schwach festzustellen, das Bewusstsein trübt immer mehr ein und der Betroffene wirkt schläfrig.

Schwere Hypothermie (unter 28 °C): Der Betroffene ist in der Regel bewusstlos und besitzt nur einen unregelmäßigen bzw. abgeschwächten Puls, die Muskulatur ist gelähmt, die Pupillen reagieren nicht mehr auf einfallendes Licht, später kommt es zum Kreislaufstillstand. Wegen der flachen Atmung ist nur schwer feststellbar ob der Betroffene noch am Leben ist.

Gerade an Offshore-Arbeitsplätzen muss beim ungewollten Eintauchen in kaltes Wasser mit Unterkühlungen des Betroffenen gerechnet werden. Den Zeitraum nach dem Eintauchen kann man in folgende Phasen einteilen (Ausprägung jeweils abhängig von der Wassertemperatur):

Kälteschock (ca. 1–3 Minuten): Es kommt zu einem unüberwindbaren Atemtrieb in Kombination mit einem starken Anstieg der Atemfrequenz und -tiefe. Die Möglichkeit, den Atem anzuhalten, besteht kaum, Schwimmbewegungen können nicht mit der Atmung koordiniert werden, Blutdruck und Herzfrequenz steigen stark an, Blutgefäße verengen sich und der Kreislauf wird auf die Versorgung lebensnotwendiger Organe beschränkt. Der Betroffene ist panisch, gerade vorbelastete Personen können einen Herzinfarkt oder Schlaganfall erleiden, Herzversagen ist möglich.

Schwimmversagen (ca. 3–30 Minuten): Die Leistungsfähigkeit der Muskeln- und Nervenzellen nimmt stark ab, Schwimmbewegungen sind kaum und nur sehr unkontrolliert möglich, ein Festhalten am Boot oder an Schwimmhilfen ist mit zunehmender Zeit nicht mehr möglich, Betroffener kann sich ohne Schwimmhilfe nicht über Wasser halten und ertrinkt.

Unterkühlung (ca. 30–60 Minuten): Wenn die vorhergehenden Phasen überlebt worden sind (statistisch weniger als die Hälfte der Unfälle und nur mit Schwimmhilfe möglich), schließt sich die bereits oben beschriebene Unterkühlung an.

Unter Ertrinken versteht man das Einatmen von Flüssigkeiten, in der Regel von Wasser. Gelangt Wasser in die Lunge, ist ein Gasaustausch nicht mehr möglich und der Betroffene erstickt. Eine Sonderform des Ertrinkens ist das sogenannte trockene Ertrinken. Dabei kommt es durch das kalte Wasser zu einem Stimmritzenkrampf. Die verkrampften Stimmritzen verschließen die Atemwege und versperren dem Wasser den Weg in die Lunge. Da keine Atmung möglich ist, erstickt der Betroffene. Entgegen der allgemeinen Annahme ist Ertrinken meist ein stiller Tod. Aufgrund des Kälteschocks fehlt dem Betroffenen der Atem für einen Hilferuf und die Koordinationsmöglichkeit für Handzeichen.

Sinnvolle unterkühlungsspezifische Erste-Hilfe-Maßnahmen lassen sich nur bei milder Hypothermie ergreifen. Bei mittelgradiger und schwerer Hypothermie muss sich der Laienhelfer auf die lebensrettenden Maßnahmen beschränken und darauf achten, dass die Person während der Erste-Hilfe-Maßnahmen nicht oder nur sehr vorsichtig bewegt wird. Bei größeren Bewegungen oder gar einem Aufrechtstellen des Betroffenen im Wasser würde sonst kaltes Blut aus den äußeren Körperregionen in den vom Körper mühsam warm gehaltenen Körperkern fließen. Die Folge sind Herzrhythmusstörungen, die zum Erliegen des Körperkreislaufs und somit zum Tod des Betroffenen führen. Man spricht dann vom sogenannten Rettungskollaps, Bergetod oder Afterdrop. Deshalb ist eine weitgehende Immobilisation des unterkühlten Betroffenen während der Rettung notwendig. Reanimationen nach Unterkühlungen gestalten sich oft schwierig. Gelingen sie, haben die Betroffenen große Chancen, den Unfall ohne bleibende Schäden zu überleben. Für die Rettungskräfte gilt daher der Grundsatz: Niemand ist tot, solange er nicht warm und tot ist.

Grundsätzlich gilt für alle Situationen der Ersten Hilfe, dass auf den Wärmeerhalt des Betroffenen geachtet werden muss. Selbst bei Bagatellverletzungen sorgt der Wärmeerhalt für ein zusätzliches Wohlbefinden des Verletzten, niemand friert gern. Möglichkeiten, die Körperkerntemperatur nicht sinken zu lassen, gibt es viele und letztendlich sind auch sie von der Situation abhängig. Ist die verletzte Person in einem guten Allgemeinzustand, bei Bewusstsein und gefasst, würde während der Betreuung ein heißer, gezuckerter Tee (zweiter Helfer, niemals den Verletzten alleine lassen) und eine warme Decke oder der gestützte Gang in einen warmen und geschützten Raum infrage kommen. Entgegen der allgemeinen Meinung dürfen selbst keine geringen Mengen Alkohol getrunken werden. Der Grund liegt nicht nur in dem arbeitsrechtlichen Verbot, sondern im Fall der Unterkühlung in der kontraproduktiven Wirkung des Alkohols. Er erweitert die Blutgefäße und fördert dadurch den Fortschritt der Unterkühlung.

Für alle anderen Situationen gibt es sinnvolle Hilfsmittel, um den Wärmeerhalt sicherzustellen. Das am häufigsten verwendete und in allen Erste-Hilfe-Sets zu findende Utensil ist die Rettungsdecke. Sie hat ein kleines Packmaß, ist kostengünstig, effektiv und leicht anzuwenden. Sinnvoll ist es, zwei Rettungsdecken in der Ausrüstung vorzuhalten. Die silberne Seite gehört zum Körper, um die Körperwärme zu reflektieren. Beim Einsatz ist darauf zu achten, dass das Gesicht frei bleibt und eine ausreichende Isolation zum Boden hin erfolgt. Die verletzte Person einfach zuzudecken reicht nicht. Im Bereich des Kopfes sollte man daran denken, dass das Hantieren mit der Rettungsdecke nicht geräuschlos ist und eine wache Person darauf hinweisen. Die Rettungsdecke kann mit Pflaster fixiert werden.

Abbildung 149: Anwendung der Rettungsdecke

Gerade wenn mit längeren Hilfsfristen zu rechnen ist oder die Umgebung größere Ansprüche an den Wärmeerhalt stellt, ist der Einsatz von zusätzlichem Equipment angezeigt. Dazu gibt es z. B. selbstwärmende Rettungsdecken, die durch eine chemische Reaktion bis zu 8 Stunden zusätzliche Wärme abgeben. Diese Rettungsdecken müssen allerdings vor Wasser (Regen, Spritzwasser) geschützt werden, da sonst die chemische Reaktion verhindert wird. Das kann beispielsweise durch eine zusätzliche Rettungsdecke aus Folie geschehen.

Abbildung 150: Aktive Wärmedecke

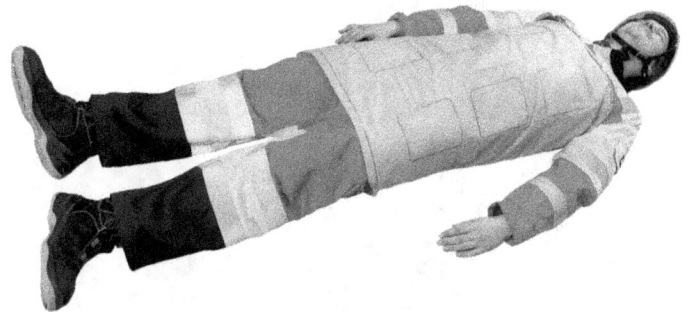

Abbildung 151: Anwendung der aktiven Wärmedecke

Andere Produkte haben keine selbstwärmende Funktion, sondern versuchen durch eingebaute Luftpolster eine bessere Isolation zu erreichen. Sie haben in der Regel ein größeres Format als die normale Rettungsdecke und zusätzliche nützliche Funktionen wie integrierte Klebeflächen zur Fixierung.

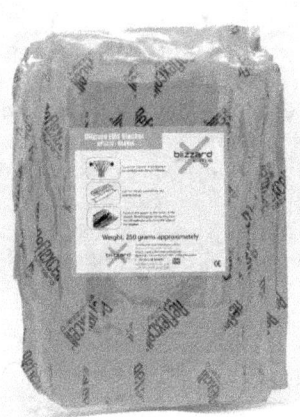

Abbildung 152: Schlafsackdecke

Abbildung 153: Anwendung der Schlafsackdecke

Die Überhitzung (Hyperthermie) ist das Gegenteil der Unterkühlung. Es handelt sich dabei um eine von äußeren Einflüssen hervorgerufenen Überwärmung des Körpers, die vom Wärmeregulationszentrum des Körpers nicht neutralisiert werden kann. Im Gegensatz zum Fieber wird die Hyperthermie nicht durch körpereigene Vorgänge ausgelöst. Fiebersenkende Medikamente sind daher wirkungslos. Um die Wärmeabgabe über die Haut zu verstärken, reagiert der Körper auf hohe Umgebungstemperaturen mit der Erweiterung der äußeren Blutgefäße. Dies führt zu einer schlagartigen Umverteilung des Blutvolumens und zu einer kurzzeitigen Mangelversorgung des Gehirns. Der Betroffene wird bewusstlos. Man spricht von einem Hitzekollaps. Erste Symptome eines Hitzekollaps können Schwindel, Schwächegefühl, Übelkeit und Erbrechen sein.

Während beim Hitzekollaps eher die Folgen der Bewusstlosigkeit oder des Schwindels (Sturz, Stöße, Verletzungen) das Problem sind, handelt es sich beim Hitzschlag um eine lebensbedrohliche Situation. Unter anderem durch körperliche Überanstrengung bei feuchter Hitze oder dem Aufenthalt in überhitzten, geschlossenen Räumen kann es zu Körpertemperaturen über 40 °C bei hochroter, heißer und trockener Haut (keine Schweißabsonderung durch akuten Wassermangel) kommen. Diese Überhitzung kann zu Wassereinlagerungen im Gehirn führen, die irreparable Schäden verursachen können. Weitere mögliche Symptome sind auch hier Müdigkeit, Krämpfe und Bewusstseinsstörungen.

In beiden Fällen, bei Hitzekollaps und Hitzschlag, ist das wichtigste Ziel, die Körperkerntemperatur zu senken. Dazu muss der Betroffene im ersten Schritt in eine kühle und gut belüftete Umgebung gebracht werden. Der Ersthelfer unterstützt die betroffene Person bei der Lockerung von beengender Kleidung und dem Ablegen eventuell vorhandener persönlicher Schutzausrüstung. Während beim Hitzekollaps wegen der ursächlichen Schockproblematik (Mangelversorgung des Gehirns mit Blut) die Schocklage indiziert ist, sollen Betroffene mit Hitzschlag mit erhöhtem Oberkörper gelagert werden. Wichtig ist die kontrollierte Kühlung von außen, zum Beispiel durch kalte Umschläge auf Nacken, Stirn, Beinen und Armen. Der Betroffene darf nicht schlagartig (z. B. durch Kaltwasserbäder) abgekühlt werden. Einer wachen Person sollte in kleinen Schlucken Flüssigkeit zu trinken gegeben werden. Bei bewusstlosen Personen müssen unabhängig von der Überhitzung die allgemeinen Erste-Hilfe-Maßnahmen (stabile Seitenlage etc.) durchgeführt werden.

Verbrennungen
Immer wenn Gewebe durch starke Hitzeeinwirkung geschädigt wird, spricht man von Verbrennungen oder Verbrühungen. Typische Ursachen im Arbeitsumfeld der Windindustrie sind Explosionen, Feuer, starke Sonneneinstrahlung, Strom, Reibungswärme, der direkte Kontakt zu heißen Gegenständen oder zu heißen Flüssigkeiten und Dämpfen. In der Ersten Hilfe werden Verbrennungen und Verbrühungen nicht unterschieden, da sich zwar die Ursachen, aber nicht die Symptome unterscheiden.

Verbrennungen und Verbrühungen werden anhand ihrer Tiefe in Grade eingeteilt.

1. Grad: Rötungen und leichte Hautschwellungen, die betroffenen Areale schmerzen, Schäden heilen vollständig wieder ab.

2. Grad: Oberflächliche bis tiefe Gewebeschäden mit Blasenbildung, weitere Einteilung in Typen 2a und 2b. Typ 2a ist gekennzeichnet durch Rötung, Blasenbildung, feuchte Wundoberfläche und eine gesteigerte Sensibilität. Schmerzen werden bei Luftzutritt und Berührung der Wunde noch verstärkt, Rötung lässt sich wegdrücken. Typ 2b ist gekennzeichnet durch leicht feuchte, hellrote oder gelb-weißliche Wunde, Rötung lässt sich kaum wegdrücken, vorhandene Blasen sind meist offen, Schmerzempfindung ist aufgrund der weitgehenden Zerstörung der Nervenenden deutlich reduziert.

3. Grad: Entstehen bei Verbrennungen ab 60 °C, gekennzeichnet von schwarz-weißen Gewebeschäden, keine Schmerzen, da Nerven zu stark geschädigt.

4. Grad: Ursache ist häufig offenes Feuer oder Starkstrom, Gewebeschäden umfassen Haut, Fettgewebe, Nerven und Knochen, offensichtliche Verkohlungen.

Durch die gute Wärmeisolierung der Haut kann die Verbrennung selbst nach dem Entfernen der Hitzequelle weiter fortschreiten. Dieser Effekt wird als Nachbrennen bezeichnet. Er tritt vor allem bei Verbrühungen durch heiße Dämpfe oder Flüssigkeiten auf, da hier in der Regel ein wesentlich längerer Hautkontakt besteht als bei der Berührung von heißen Gegenständen. Das Nachbrennen kann nur durch Kühlung der Wunde verhindert werden.

Um das Ausmaß der Verbrennungen einzuschätzen, hat sich die Neunerregel bewährt. Die Oberfläche des Menschen wird dabei in leicht zu merkende Bereiche mit Prozentanteilen von jeweils 9 % aufgeteilt. Ab 15 % verbrannter Körperoberfläche wird die Verbrennung für einen Erwachsenen lebensbedrohlich. Als Vergleich kann man gut die Handinnenfläche des Betroffenen heranziehen, die in etwa 1 % der Körperoberfläche entspricht.

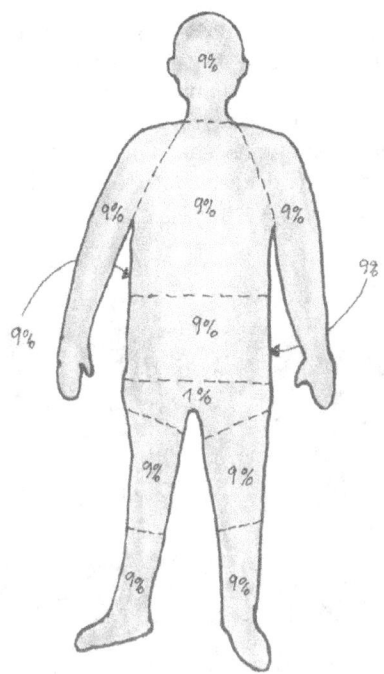
Abbildung 154: Neunerregel bei Verbrennungen

Sofern keine lebensrettenden Maßnahmen erforderlich sind, kann der Ersthelfer je nach Situation die folgenden Erste-Hilfe-Maßnahmen ergreifen:

- Bei Verbrühungen: Kleidung sofort entfernen, um ein Nachbrennen zu verhindern.
- Bei Verbrennungen: Kleidung nur entfernen, wenn sie nicht eingebrannt ist.
- Bei leichten Verbrennungen und Verbrühungen betroffene Körperstellen unter fließendem Wasser mindestens 15 Minuten lang (bis der Schmerz nachlässt) vor der Weiterversorgung kühlen.
- Bei schweren Verbrennungen betroffenen Bereich steril abdecken, Wundauflage ohne Druck auf die verletzte Haut legen und mit Mullbinde locker fixieren, Verband darf nicht mit der Wunde verkleben.
- Keine Hausmittel wie Salben, Puder, Öle, Desinfektionsmittel etc. anwenden.

Für die Erstversorgung bei Verbrennungen und Verbrühungen haben sich Hydrogelverbände bewährt. Der Hydrogelverband kühlt die Wunde, lindert die Schmerzen und da er nicht an der Wunde klebt, lässt er sich vor der weiteren Versorgung schmerzlos entfernen. Da es sich genau genommen eher um eine mit Gel beschichtete Kompresse handelt, wird diese mit einer Mullbinde oder einem Pflaster auf der Wunde fixiert.

Abbildung 155: Brand- bzw. Hydrogelverband

Tierbisse
Tierbisse sind für den Ersthelfer grundsätzlich wie alle anderen Wunden zu versorgen. Vornehmlich geht es um das Stoppen der Blutung. Problematisch sind bei Tierbissen die meist gerissenen Wundränder sowie die hohe Wahrscheinlichkeit einer Infektion. Größere Tiere, wie z. B. Hunde, können wegen der hohen Beißkraft zusätzlich Knochen, Sehnen und tief liegende Blutgefäße verletzen. Grundsätzlich sollte nach jedem Tierbiss ein Arzt aufgesucht werden.

Fast alle Tiere können mit dem Biss gefährliche Krankheiten übertragen. Die Tollwut ist eine der gefürchtetesten Infektionen, da sie ohne schnellstmögliche (max. 24 Stunden) Schutzimpfung nach dem Biss innerhalb von 15 bis 90 Tagen unweigerlich zum Tod des Betroffenen führt. Sobald der Virus das zentrale Nervensystem erreicht hat, ist eine Impfung nicht mehr wirksam. In Deutschland gilt die Tollwut als ausgerottet. Das heißt aber nicht, dass sie nicht mehr vorkommt. Gerade bei Einsätzen im Ausland (vor allem in Indien und China) ist nach Tierbissen mit einer Tollwutinfektion zu rechnen. Die

Krankheit kann grundsätzlich von allen Säugetieren und zum Teil auch von Vögeln übertragen werden, wobei Fleisch- und Allesfresser aber eindeutig häufiger betroffen sind. Die infizierten Tiere sind meist verhaltensauffällig (besonders aggressiv, übererregt, in späteren Stadien teilweise mit Lähmungen, starkes Speicheln, Schaum vor dem Mund, Wildtiere können ungewohnt zutraulich sein) und sollten nicht berührt werden. Fledermäuse greifen den Menschen nicht an, beißen aber, wenn sie sich bedroht fühlen oder angefasst werden. Waschbären nutzen gern vom Menschen geschaffene Anlagen oder Gebäude als Schlafplatz oder zur Aufzucht ihrer Jungen und gelten als wehrhaft. Mit ihren spitzen Zähnen und mit ihren Krallen können sie durchaus durch einfache Arbeitshandschuhe dringen. Besteht der Verdacht, von einem tollwütigen Tier gebissen worden zu sein, ist es sinnvoll, als Sofortmaßnahme die Wunde mit Seifenlösung auszuwaschen, da diese einen Großteil der Keime unschädlich macht.

Bei Arbeiten in der Natur bleiben Bisse durch Zecken meist nicht aus. Genau genommen handelt es sich um Zeckenstiche, da Zecken stechen und nicht beißen. Mit dem Stich können Zecken gefährliche Krankheiten übertragen. In Deutschland zählen hauptsächlich die Borreliose und die Frühsommer-Meningoenzephalitis (FSME) dazu. Borreliose macht sich nach einem Zeckenstich durch eine sich ausdehnende Rötung um die Einstichstelle bemerkbar und sollte dann frühestmöglich mit Antibiotika behandelt werden. Abgeschlagenheit und grippeähnliche Symptome sind möglicherweise Hinweis auf eine Infektion mit dem FSME-Virus. Gegen FSME-Viren gibt es eine wirksame Impfung, die allen in der Natur arbeitenden Personen dringend empfohlen wird. Normalerweise werden die Kosten von der Krankenkasse bzw. vom Arbeitgeber übernommen.

Da eine Übertragung möglicher Erreger erst 24 Stunden nach dem Stich wahrscheinlich wird, sollte eine Zecke möglichst schnell entfernt werden. Dazu greift man die Zecke möglichst hautnah mit einer spitzen Pinzette und zieht diese aus der Haut. Im Handel sind spezielle Hilfsmittel zur Zeckenentfernung erhältlich. Hausmittel wie Klebstoff und Öl dürfen nicht angewendet werden, da die Zecke im Todeskampf die Erreger aus ihrem Magen in die Einstichstelle erbricht. Ist die Zecke entfernt, ist die Wunde mit einem Desinfektionsmittel zu desinfizieren und sollte die nächsten Tage beobachtet werden. Sobald sich der Bereich um die Einstichstelle kreisrund rötet oder die Vermutung besteht, dass sich noch Reste der Zecke in der Wunde befinden, ist der Gang zum Arzt angezeigt.

Schlangenbisse kommen in Europa wegen der wenigen giften Schlangenarten relativ selten vor. Die meisten Fälle ereignen sich in Afrika und Indien. Charakteristisches Zeichen der meist schlecht sichtbaren Schlangenbisse sind zwei stecknadelkopfgroße Stichwunden. Diese bluten nur leicht, können aber teilweise sehr starke Schmerzen auslösen. In Gebieten, in denen mit giftigen Schlangen zu rechnen ist, muss großes Augenmerk auf die Prävention gelegt werden. Dazu zählt hauptsächlich angemessene Kleidung, wie z. B. hohes und festes Schuhwerk. Sollte es dennoch zu einem Biss einer giftigen Schlange gekommen sein, muss primär die Ausbreitung des Giftes im Körper verhindert werden. Die Ersthelfer müssen an den Eigenschutz denken und den Betroffenen vor weiteren Bissen schützen. Da davon ausgegangen werden muss, dass nach einem Schlangenbiss immer professionelle medizinische Hilfe notwendig ist, müssen die Rettungskräfte möglichst frühzeitig informiert werden. Der Betroffene sollte sich möglichst wenig bewegen bzw. bewegt werden. Ersthelfer müssen den Betroffenen beruhigen. Bewegung und Unruhe sorgen für eine schnelle Verteilung des Giftes im Körper. Betroffene Körperteile sind möglichst unterhalb der Höhe des Herzens zu lagern. Die Bissstelle ist oberflächlich zu reinigen und zu desinfizieren. Eine Markierung der Wunde, z. B. mit dem Kugelschreiber, ist zur weiteren Beurteilung der lokalen Veränderungen sinnvoll. Sind die Extremitäten betroffen, können diese mit breiten Binden stramm vom Rumpf ausgehend nach unten bandagiert werden, wobei die Extremität nicht abgebunden werden soll (Nagelbettprobe). Ringe und anderer Schmuck sollten dem Betroffenen abgenommen werden, da mit einer starken Schwellung zu rechnen ist. Alle direkten Manipulationen an der Wunde, wie z. B. Ausschneiden, Abbinden, Ausbrennen, Aussaugen oder das intensive Spülen mit Wasser, haben sich als nachteilig für den Betroffenen erwiesen.

5.10 Psychologische Erste Hilfe

Für alle Beteiligten – Betroffene und Ersthelfer – ist ein Unfall eine große psychische Belastung. Auf sie wirkt eine Vielzahl von belastenden Faktoren ein, die zu sehr unterschiedlichen Reaktionen führen können. Während der Ersthelfer die Auswirkungen oft erst nach dem Unfallgeschehen feststellt, ist die verletzte Person unmittelbar von den folgenden Belastungen betroffen.

Körperliche Belastungen: Schmerzen, Atemnot, Einschränkung des Bewusstseins, Einschränkung des Wahrnehmungs- und Denkvermögens, ungewohnte Empfindungen

Umgebung als Belastung: Temperaturen, Lärmpegel, Dunkelheit, Blendung, andere verletzte oder gar sterbende Personen

Psychologische Belastung: unbekannte Situation, Hilflosigkeit, Kontrollverlust, Gaffer, Auswirkungen auf die eigene Gesundheit, materieller Schaden, andere Folgen des Unfalls

Jeder Mensch geht mit der Situation anders und individuell um. Mögliche Reaktionen auf die vorgenannten Belastungen können sein:

- Angst
- Schuldgefühle
- Schamgefühle
- Weinen, Schreien
- Aggressivität
- Überaktivität oder Apathie

Es ist inzwischen allgemein bekannt und anerkannt, dass die Psyche des Betroffenen einen großen Einfluss auf den weiteren Verlauf der Situation und später auf seine Genesung hat. Um eine unnötige Eskalation des Unfallgeschehens zu vermeiden, sollte der Ersthelfer die folgenden Grundsätze beachten:

- Betroffenen nie alleine lassen
- Möglicherweise vor Ort anwesende Kollegen einbinden
- Mitgefühl und Empathie im Umgang mit dem Betroffenen zeigen
- Allgemeine Fragen stellen, um von der Situation abzulenken

- Aktiv zuhören
- Alle Maßnahmen und Handlungen erklären
- Nie gegen den Willen des Betroffenen handeln
- Individuellen Umgang des Betroffenen mit der Situation und seine Gefühlslage akzeptieren

Eine besondere Rolle kommt der psychologischen Erste Hilfe immer dann zu, wenn mit langen Hilfsfristen zu rechnen ist. Der Ersthelfer verbringt die gesamte Wartezeit bis zum Eintreffen der professionellen Rettungskräfte mit dem Betroffenen. Schon aus eigenem Interesse sollte er sich deshalb an die oben genannten Grundsätze halten.

Sinnvollerweise sollten bereits in den Notfallplänen und -konzepten Regelungen für die psychologische Betreuung der Ersthelfer nach einem schweren Unglücksfall enthalten sein. Letztlich sind auch sie Betroffene des Unfallgeschehens.

6 Schmerzbehandlung und Medikamentengabe

Die internationale Schmerzgesellschaft definiert Schmerzen als „unangenehmes Sinnes- und Gefühlserlebnis". Auch wenn niemand gern Schmerzen erträgt, so haben sie doch eine wichtige Signalfunktion für den Körper. Sie warnen vor drohenden Verletzungen oder machen auf eine bereits bestehende aufmerksam. Ohne Schmerz würde man die Gefahr für den Körper oft nicht erkennen, z. B. bei Berührung von heißen Gegenständen. Schmerzen sind Bestandteil der menschlichen Sinneswahrnehmung. Sie können sich aber gerade im Rahmen von schweren Verletzungen verselbstständigen und den Erste-Hilfe-Maßnahmen entgegenstehen. Deshalb ist es für den Ersthelfer wichtig, unnötige Schmerzen zu vermeiden oder bestehende Schmerzen zu lindern. Starke Schmerzen können leicht zur Bewusstlosigkeit (neurogener Schock) führen, die dann die bereits beschriebenen weiteren Komplikationen mit sich bringt.

6.1 Anwendungsalgorithmus der Schmerzbehandlung
Damit Ersthelfer und Rettungskräfte die Schmerzen des Betroffenen beurteilen können, wird eine Schmerzskala genutzt. Diese gibt es in den verschiedensten numerischen und visuellen Ausführungen. Der Betroffene kann dann seine Schmerzen auf der Skala selbst einordnen. Anhand dieser Einordnung werden weitere Maßnahmen festgelegt.

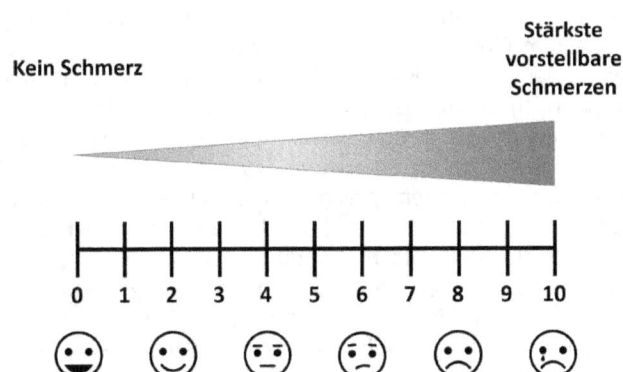

Abbildung 156: Verschiedene Varianten der Schmerzskala

Bevor man über die medikamentöse Behandlung – sofern überhaupt Medikamente zur Verfügung stehen – der Schmerzen nachdenkt, sollten alle zur Verfügung stehenden Möglichkeiten ausgeschöpft sein. Bei erträglichen Schmerzen wirken Wärmeerhalt, Zuspruch, Kühlung und schmerzlindernde Lagerung nach Wunsch des Betroffenen durchaus. Wie in der folgenden Abbildung des Stufenschemas der Schmerzlinderung zu sehen, ist die Medikamentengabe das letzte Mittel der Wahl. Eine alleinige Schmerzmittelgabe ohne Anwendung des Stufenschemas scheidet aus.

Abbildung 157: Stufenschema zur Schmerzlinderung

Im Rahmen eines Unfallgeschehens sind allerdings durchaus Szenarien denkbar, in denen dem Betroffenen schwere Schmerzen nicht bis zum Eintreffen der professionellen Rettungskräfte zugemutet werden können. Können diese Situationen nicht mit großer Wahrscheinlichkeit ausgeschlossen werden, müssen die Mitarbeiter, basierend auf der Gefährdungsbeurteilung des Unternehmens und nach einer individuellen Bewertung des Arbeitsplatzes durch den verantwortlichen Arzt, entsprechend ausgebildet werden. Gerade mit Blick auf die Anwendung von Medikamenten gemäß den jeweiligen nationalen Vorschriften durch den Laienhelfer muss die Erste-Hilfe-Ausstattung nach Vorgabe des Arztes ausgewählt werden. Die Mitarbeiter benötigen von ihm eine spezielle Unterweisung im Umgang mit den ausgewählten Medikamenten sowie das Wissen um deren Wirkung und Nebenwirkung.

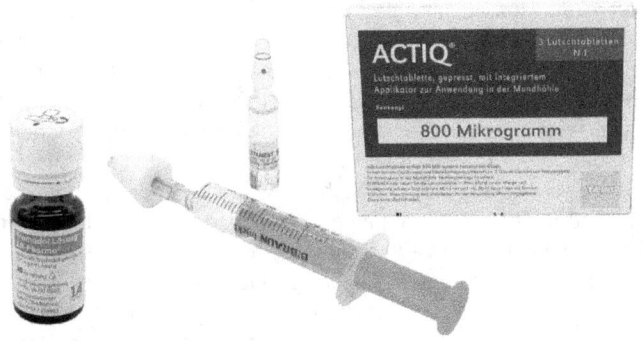

Abbildung 158: Mögliche Schmerzmedikamente

Die Gabe von Schmerzmitteln durch den Ersthelfer kommt nur in Ausnahmefällen in Betracht. Voraussetzung ist eine vom Betroffenen angegebene Schmerzintensität >7 (starker Schmerz, z. B. beim oder nach Anlegen eines Tourniquets) und die Freigabe durch den Telemediziner. Die Wahl des Medikaments und die Dosierung werden vom Arzt entsprechend angeordnet. Der Ersthelfer unterstützt die verletzte Person bei der Einnahme des Medikaments. Ein selbstständiges Verabreichen von Schmerzmitteln ohne Zustimmung des Betroffenen ist nicht erlaubt. Bei einem Bewusstlosen ist eine Schmerzlinderung nicht angezeigt. Bis zum Eintreffen der professionellen Rettungskräfte muss der Ersthelfer dem Telemediziner in regelmäßigen Zeitabständen Informationen zur Schmerzintensität und zu den Vitalfunktionen weitergeben.

6.2 Weitere mögliche Medikamente

Wenn von einem Kollegen bekannt ist, dass dieser spezielle Notfallmedikamente mitführt oder andere Medikamente auf Anweisung des Betriebsarztes in der Erste-Hilfe-Ausrüstung vorhanden sind, kann der Ersthelfer mit diesen Arzneimitteln in Kontakt kommen. Besteht die Möglichkeit zur Telekonsultation, gilt für alle anderen Medikamente der gleiche Grundsatz wie für die Schmerzmittel: Der Einsatz darf immer erst nach Freigabe durch den Telemediziner erfolgen.

Besteht keine Möglichkeit zur Nutzung der Telekonsultation, ist eine Verabreichung gebräuchlicher Medikamente durch den Laienhelfer dennoch nicht ausgeschlossen. Im Rahmen des §35 des deutschen Strafgesetzbuches (rechtfertigender Notstand) darf ein Laie zu allem greifen, was helfen kann. Auf der Grundlage des rechtfertigenden Notstands ist der Verstoß gegen Rechtsvorschriften (z. B. Betäubungsmittelgesetz, Strafgesetzbuch) nicht strafbar. Die Grenzen werden dabei durch das Wissen und Können des Ersthelfers sowie den Zustand des Hilfebedürftigen gesetzt. Eine Haftung des Laienhelfers ist prinzipiell möglich, sie wird sich aber ebenfalls nach der Situation richten, die der Laienhelfer zu lösen hatte, und berücksichtigen, welchen Ausbildungsstand der Laienhelfer hatte und wie es dem Betroffenen ging. Der § 35 legt allerdings auch fest, dass ein angemessenes Mittel zur Abwehr der Gefahr gewählt werden muss. Insofern bewegen sich überengagierte Ersthelfer schnell im Bereich einer strafbaren Handlung.

Der sichere Weg für den Ersthelfer sind klare Vorgaben seitens des Betriebsmediziners im Rahmen der Notfallpläne. Sofern der Betriebsarzt die Vorhaltung spezieller Arzneimittel für notwendig oder sinnvoll erachtet, sollten immer die folgenden Voraussetzungen für die Verabreichung dieser Medikamente gegeben sein:

- Der Betroffene muss voll geschäftsfähig sein.
- Der Ersthelfer muss für die gewählten Arzneimittel sachkundig und von dem Betriebsmediziner unterwiesen sein.
- Der Betroffene muss wirksam eingewilligt haben.
- Der Betroffene muss wach und orientiert sein und die Medikamente selbst einnehmen können.

Ein Praxisbeispiel kann bei dem Verdacht auf einen Herzinfarkt die Gabe von Acetylsalicylsäure (ASS, bekannt als ASPIRIN®) sein, die bereits seit dem Jahr 2010 vom ERC empfohlen wird. Laut ERC Guidelines sollen allen erwachsenen Betroffenen mit Brustschmerz frühzeitig 150–300 mg ASS (kein Kombipräparat, ca. 1/2 Tablette) verabreicht werden. Es wurde erkannt, dass die Wirkung des Medikaments dem Betroffenen in vielen Fällen zugutekommt und andererseits das Risiko für Komplikationen äußerst gering ist. Für die Unterweisung sollte der Betriebsarzt eine Handlungsanleitung erstellen und den Mitarbeiter über die Voraussetzungen zur Verabreichung von ASS sowie die daraus eventuell resultierenden Risiken ausführlich informieren. Wie alle anderen Unterweisungen auch ist sie entsprechend zu dokumentieren.

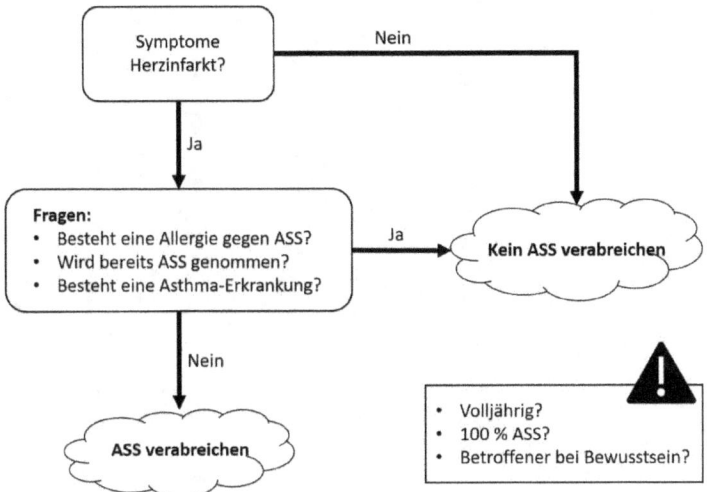

Abbildung 159: Beispiel einer Handlungsanleitung zum Einsatz von ASS

7 Abkürzungsverzeichnis

ACT	Access, Communicate, Triage
AED	Automatischer Externer Defibrillator
AHA	American Heart Association
ArbMedVV	Verordnung zur arbeitsmedizinischen Vorsorge
ArbSchG	Gesetz über die Durchführung von Maßnahmen des Arbeitsschutzes zur Verbesserung der Sicherheit und des Gesundheitsschutzes der Beschäftigten bei der Arbeit
ArbStättV	Verordnung über Arbeitsstätten
ARC	Australian Resuscitation Council
ART	GWO Advanced Rescue Training
ART-H	GWO Advanced Rescue Training – Hub
ART-HR	GWO Advanced Rescue Refresher Training – Hub
ART-N	GWO Advanced Rescue Training – Nacelle
ART-NR	GWO Advanced Rescue Refresher Training – Nacelle
ASiG	Gesetz über Betriebsärzte, Sicherheitsingenieure und andere Fachkräfte für Arbeitssicherheit
ASR	Technische Regeln für Arbeitsstätten
ASS	Acetylsalicylsäure
AWZ	Ausschließliche Wirtschaftszone
BetrVG	Betriebsverfassungsgesetz
BG	Berufsgenossenschaft
BLS	Basic Life Support
BR	GWO Blade Repair Training
BTT	GWO Basic Technical Training
BTTE	GWO Basic Technical Training Electrical Module
BTTH	GWO Basic Technical Training Hydraulic Module
BTTI	GWO Basic Technical Training Installation Module
BTTM	GWO Basic Technical Training Mechanical Modul
DGUV	Deutsche Gesetzliche Unfallversicherung
DIN	Deutsche Institut für Normung e. V.
EEG	Elektroenzephalografie
EFA	GWO Enhanced First Aid Training
EFAR	GWO Enhanced First Aid Refresher Training
EH	Erste Hilfe
EKG	Elektrokardiographie
ERC	European Resuscitation Council
ERT	Emergency Response Team

EU	Europäische Union
FA	GWO First Aid Training
FAR	GWO First Aid Refresher Training
FAST	Face, Arms, Speech, Time
FAW	GWO Fire Awareness Training
FAWR	GWO Fire Awareness Refresher Training
FSME	Frühsommer-Meningoenzephalitis
GCS	Glasgow Coma Scale
GewO	Gewerbeordnung
GG	Grundgesetz
GWO	Global Wind Organisation
HIV	Humane Immundefizienz-Virus
HLO	Helicopter Landing Officer
HLW	Herz-Lungen-Wiederbelebung
HSFC	Heart and Stroke Foundation of Canada
IAHF	InterAmerican Heart Foundation
ILCOR	International Liaison Committee on Resuscitation
JArbSchG	Gesetz zum Schutze der arbeitenden Jugend
KK	Krankenkasse
LTE	Long Term Evolution (Mobilfunkstandard)
MA	Mitarbeiter
MEG	Magnetoenzephalografie
MH	GWO Manual Handling Training
MHR	GWO Manual Handling Refresher Training
MRCC	Maritime Rescue Coordination Centre
NZRC	New Zealand Resuscitation Council
PSA	Persönliche Schutzausrüstung
RCA	Resuscitation Council of Asia
RCSA	Resuscitation Council of Southern Africa
SART-H	GWO Singleton Advanced Rescue Training – Hub
SART-N	GWO Singleton Advanced Rescue Training – Nacelle
SGB	Sozialgesetzbuch
SRÜ	Seerechtsübereinkommen
SS	GWO Sea Survival Training
SSR	GWO Sea Survival Refresher Training
STCW	International Convention on Standards of Training, Certification and Watchkeeping for Seafarers (Internationales Übereinkommen über Normen für die Ausbildung, die Erteilung von Befähigungszeugnissen und den Wachdienst von Seeleuten

StGB .... Strafgesetzbuch
TRBS .... Technische Regeln für Betriebssicherheit
UMTS .... Universal Mobile Telecommunication System
UN .... United Nations (Vereinigte Nationen)
VDE .... Verband der Elektrotechnik Elektronik Informationstechnik e.V.
WAH .... GWO Working at Heights Training
WAHR .... GWO Working at Heights Refresher Training
WEA .... Windenergieanlage
WINDA .... Zertifikatsdatenbank der GWO

www.ingramcontent.com/pod-product-compliance
Lightning Source LLC
Chambersburg PA
CBHW050055230526
45470CB00004B/1539